KB022233

...

독자의 1초를 아껴주는 정성!

세상이 아무리 바쁘게 돌아가더라도
책까지 아무렇게나 빨리 만들 수는 없습니다.
인스턴트 식품 같은 책보다는
오래 익힌 술이나 장맛이 밴 책을 만들고 싶습니다.

길벗은 독자 여러분이
가장 쉽게, 가장 빨리 배울 수 있는 책을
한 권 한 권 정성을 다해 만들겠습니다.

독자의 1초를 아껴주는
정성을 만나보십시오.

〜〜〜〜〜〜〜〜〜

미리 책을 읽고 따라해본 2만 베타테스터 여러분과
무따기 체험단, 길벗스쿨 엄마 2% 기획단,
시나공 평가단, 토익 배틀, 대학생 기자단까지!
믿을 수 있는 책을 함께 만들어주신 독자 여러분께 감사드립니다.

홈페이지의 '독자마당'에 오시면 책을 함께 만들 수 있습니다.
(주)도서출판 길벗 www.gilbut.co.kr
길벗 이지톡 www.gilbut.co.kr
길벗스쿨 www.gilbutschool.co.kr

어느 날
갑자기
가해자 엄마가
되었습니다

어느 날
갑자기
가해자 엄마가
되었습니다

정승훈 지음

길벗

김영덕(로뎀나무힐링센터 센터장)

사랑하는 아들을 두고 전장으로 떠나는 아버지 오디세우스가 아들을 친구에게 맡겼는데, 그 친구 이름이 멘토(Mentor)였다. 오디세우스가 전장에서 돌아왔을 때 아들은 건장하고도 훌륭한 청년으로 성장해 있었다. 이 얼마나 기쁜 일인가! 그 후에 '멘토'는 '한 사람의 인생을 지혜와 신뢰로 이끌어주는 사람'을 뜻하는 단어가 되었다.

나쁜 바이러스로 인해 방향을 잃어버린 사람들이 있다. 이런 상황에서는 자녀에게 교육을 어떻게 시킬 것인가, 경제적인 활동은 어떻게 할 것인가, 어느 길로 가야 할 것인가와 같은 많은 물음에 정확하고 바른 길을 제시해줄 누군가가 필요하다.

정승훈 님은 우리 시설에서 지내던 소녀의 멘토로서 만났다. 제주도의 올레길을 걷는 프로그램을 통해서였는데, 맹랑하고 활기차고 발랄하고 어디로 튈지 모르는 멘티인 소녀와 긴 시간 동안 동행했다는 것만으로 그를 존경하게 되었다. 이 책에서 만난 '멘토 정승훈'은 조금은 다른 모습으로 나를 감동시켰다. 자녀를 키우면서 직접 겪은 학교폭력에 대해 진솔하게 털어놓으면서 차분하지만 강한 어조로 대처 방법을 알려주고, 바른 지침을 주고 있다. 사실 학교폭력 현장에서는 이론 중심의 책이 아무런 도움이 되지 못하는 게 현실이다. 하지만 이 책은 학부모와 학교 관계자, 그리고 상담사들을 전문가로 성숙시키는 데 큰 도움을 주는 멘토 같은 책, 여러분을 또 한 분의 멘토로 자라게 할 책이라고 확신한다.

내게 추천사를 쓸 만한 자격이 있을까 생각해보았다. 없다. 그런데 정승훈 멘토는 내가 비행청소년을 사랑한다는 이유만으로 추천사를 쓰게 했다. 내 마음을 알아주니 감사했다.

나는 비행청소년들과 십수 년 동안 상담을 하고, 재판 받고 온 소녀들과 24시간 살기도 하고, 재판을 앞둔 청소년들과 그 부모를 국선보조인으로 만나 상담하고 면담하고 재판정에서 변론을 한다. 재판을 통해서도 합의되지 않는 부분은 피해자와 그 부모, 가해자와 그 부모들과 화해권고위원으로서 만난다. 그럴 때마다 같은 고민과 갈등을 한다.

'어떻게 하는 것이 청소년의 인생에 도움이 될 것인가?'

학교폭력은 누가 가해자이고 피해자인가, 처벌은 어떻게 해야 하는가, 합의는 어떻게 해야 하는가를 가리는 것을 목적으로 해서는 안 된다. 어떻게 하는 것이 우리 아이들을 위한 길인가를 고민하고 또 고민해 처리해야 할 일이다. 나와 같은 고민을 하며 쓴 이 책을 이 땅의 모든 청소년을 사랑하는 이들에게 적극 추천하고 싶다.

엄마가 전하는 그날 그 후의 이야기

이제는 말할 수 있다

"엄마, 그때 학폭으로 신고된 게 오히려 잘된 일이었어요."

"……?"

아들이 어느 날 제게 말했습니다. 예상도 못 한 말에 저는 아들 얼굴만 쳐다봤어요.

"사실 그즈음 제가 후배들을 여럿 때렸어요. 신고한 후배가 나한테 맞은 다른 후배들한테 같이 신고하자고 했었대요. 그런데 그 후배들은 내가 처벌받는 걸 원하지 않는다고, 자신들이 잘못해서 맞은 거라며 신고 안 하겠다고 했대요. 그런데 그때 신고되지 않았으면 난 후배들을 계속 때렸을 것 같거든요. 그럼 더 큰 처벌을 받았을 거고, 일도 더 커졌을 거예요."

신고를 당했기 때문에 더 이상 후배들을 때리지 않게 됐다는 얘기였습니다. 그 사건이 터졌을 땐 하지 않은 말이었습니다.

몰랐던 사실까지 알고 나니 참 많은 생각이 들었습니다. 아들 말처럼 신고당한 것이 오히려 다행이었을까요? 내 아들이 그렇게 지낸 걸 몰랐다는 사실에 마음이 착잡했습니다. 제가 나름 아들에 대해 잘 알고, 아들과 저는 서로 숨기는 것 없는 사이라고 생각했거든요.

그 사건이 터졌을 때 제 아들은 중학교 3학년이었습니다. 중학교에선 가장 높은 학년이니 무서운 게 없었나 봅니다. 담임교사가 판사에게 제출하라고 써준 의견서에 이런 내용이 있었습니다.

'친구의 동생이 맞았다는 소리를 듣고 너무 화가 나, 때린 아이를 혼내야겠다는 생각이 들었다고 합니다. 친동생처럼 생각한 동생이 맞았으니 동생을 때린 학생을 혼내는 것이 의리 있는 행동이라고 생각했다고 합니다. 영화나 책을 봐도 가족의 소중함이 강조되어 있고, 가족에게 부당한 일이 있을 때는 그 억울함을 풀어주어야 한다고 생각했던 터라 잘못된 행동을 한 학생을 혼내주는 것이 당연하다고 생각했답니다. 나이가 어려 의리만 생각했지, 도덕에 대한 생각을 못 한 것 같습니다.'

담임교사는 면담을 통해 제 아들이 왜 후배를 때렸는지 그 이유를 들었던 것이지요. 의견서를 보던 저는 아들이 '때린 아이를 혼내야겠다는 생각을 했다'는 부분에서 조금 놀랐습니다. 저에겐 우연히 만나서 벌어진 일이지, 혼내야겠다는 생각을 했다고는 안 했거든요.

그제야 모든 상황이 이해됐습니다. 아들은, 선배로서 잘못한 후배를 혼내는 것이 당연하다고 여겼나 봅니다. 어떤 후배가 지나가는 할머니에게 담배를 사달라고 했다는 얘기를 듣고 "너희 할머니가 너 같은 학생에게 그런 부탁을 받으면 어땠겠냐"라며 혼내주었다고 말했던 일이 생각납니다. 신고한 후배 외의 다른 후배들은 아들이 처벌받기를 원하지 않았다는 것을 보니, 아들은 후배의 잘못된 행동을 바로잡기 위해 한 폭력적인 행동이 정당하다고 생각했겠다 싶습니다.

이제 아들은 말합니다.

"어떠한 이유에서건 폭력이 정당화될 수는 없어요."

1년 넘게 마음고생을 하며 여러 경험을 했습니다. 시간을 되돌릴 수 있다면 사건이 있기 전으로 되돌아가고 싶다지만, 그 일이 아들에겐 너무도 값진 경험이었어요. 저 역시 마찬가지입니다.

제 아들을 신고한 후배는 다른 지역으로 이사를 갔다고 합니다. 그 후에 아무 일도 없었던 듯 페이스북 메시지로 안부를 물어왔지만 아들은 답을 하지 않았다고 합니다. 혹여 이 글이 피해학생에게 상처가 되지 않았으면 합니다.

어떠한 이유로도 아들의 폭력적인 행동은 잘못된 것이었습니다. 그 일을 통해 의리와 정의를 판단하고 실천하려면 어떻게 행동하고, 절대 해서는 안 되는 행동은 무엇인지를 제대로 배웠을 것입니다. 자신의 행동엔 책임이 뒤따른다는 것도 깨달았을 것입니다. 제가 보기에 그 일은 아들에게 성인이 되기 전에 맞은 예방주사와도 같았습니다. 한층 성숙해지는 계기가 되었지요.

그 일이 있은 후로 방황하는 친구들의 얘기를 들어주고 집에 들여보내 주던 아들은 어느 새 고등학교를 졸업하고 성인이 되었습니다. 지금은 '이 글로 공격받을 수 있다'며 엄마인 저를 걱정합니다. 돌봐야 했던 미성년자에서 엄마를 염려하는 든든한 인생의 동력자가 되었습니다.

아들의 말처럼 이 글로 인해 제가 공격받을 수도 있습니다. 하지만 용기를 내기로 했습니다. 제 경험이 같은 과정을 겪는 부모들에게 조금이나마 도움이 되기를 바라는 마음으로 저와 아들, 그리고 학교폭력에 대해 차근히 써나가겠습니다.

아들이 들려주는 그날 그 후의 이야기

그 후배에게 미안하고
고맙고 감사하다

중학교 3학년 때 나와 내 친구 둘은 돌이킬 수 없는 일을 저질렀습니다. 셋이 같이 놀고 있는데 누군가가 내 친구의 동생 B가 맞았다는 소식을 전해줬고, 가해자가 다른 중학교 2학년인 A라는 사실도 알려주었습니다. 평소에 친동생같이 생각했던 동생이 맞았다는 얘기를 들으니 기분이 안 좋았지만, 우선 A에게 그때의 상황과 사실 여부를 물어보고 싶었습니다. 하지만 우리는 A의 연락처를 몰랐습니다. 그래서 다른 후배를 통해 전화를 해서 우리가 있는 공원으로 오라고 했습니다. 하지만 이때까지는 씻을 수 없는 행동을 하리라곤 단 1도 생각하지 못했습니다.

공원으로 온 A에게 나와 친구들은 B와 그런 일이 있었는지를 확인했습니다. 그 과정에서 나는 A를 만나기 전보다 화가 더 났습니다. A의 무성

의한 말과 태도 때문이었습니다.

"너 왜 B를 때렸어?"

"아니, 제가 오락실에서 게임을 하려고 200원을 빌려달라고 했는데 안 주잖아요."

"그래서 얼마나 때렸어?"

"뺨 몇 대 때리고 주먹으로 등을 몇 대 때렸어요."

"그런데 너는 그게 때릴 이유가 된다고 생각해?"

"[웃으면서] 제가 '분노조절장애'가 있어서 그랬어요."

A의 말과 표정에, 우리는 절대 그렇게 하지 말았어야 했지만, 친구 중한 명이 "나도 분노조절장애가 있어"라고 말하면서 한 대 때렸습니다. '가해자'였던 A를 '집단폭행의 피해자'로 만들어버린 것입니다.

그 일이 있고 일주일 후 우연히 공원에서 A를 만났고 "지난주에는 미안했어"라고 사과했습니다. 밥을 사줄 테니 언제든지 연락하라고, 웃으면서 인사하고 헤어졌습니다.

이렇게 A와의 일이 일단락되는 줄 알았습니다. 그런데 다시 일주일 후A가 우리를 신고한다는 얘기를 전해 들었습니다. 정말 생각지도 못한일에 가슴이 내려앉았고, 급한 마음에 A에게 전화를 해서 왜 신고를 했느냐, 우리를 동네에서 만나면 감당할 수 있겠느냐며, A의 입장에서는위협이 될 만한 말을 하고 말았습니다.

나와 친구들은 먼저 학교에서 조사를 받았습니다. 그 과정에서 A가 사실과 다르게 부풀려서 진술했다는 것을 알고 '때린 것은 맞지만 그 정도로 때린 사실은 없다'라고 분명히 얘기했습니다. 그런데 A와 그때 그 자리에 있지도 않았던 A 친구의 진술만 받아들여지고 나와 내 친구들의 진술은 하나도 반영되지 않았습니다. 그렇게 해서 우리는 학교폭력대책자치위원회(학폭위. 현재의 학교폭력대책심의위원회)에서 1호 서면사과, 2호 접촉 및 보복행위 금지, 5호 특별교육 5일이라는 처분을 받았습니다.

얼마 지나지 않아 경찰서에서도 조사를 받았습니다. 고압적인 경찰의 질문에 3시간 넘게 화장실도 못 가고 물도 못 먹으며 똑같은 말을 경찰이 원하는 대답이 나올 때까지 해야 했습니다. 그렇지만 혹여나 불이익이 될까 봐 불만이 있어도 말하지 못하고 조사를 마쳤습니다.

그 후 검찰청 명령으로 강남청소년수련관에서 3일간 교육을 받았습니다. 또 소년재판이 있기 전 서울남부청소년비행예방센터에서 일주일간 상담조사를 받았습니다.

그렇게 해서 아들은 사건이 일어난 5월부터 학폭위 조치로 5일간의 특별교육, 검찰청 명령으로 3일간의 교육, 법원 명령으로 받은 일주일간의 상담조사까지 약 1년간 세 번 교육을 받았고 소년재판에 두 번 참석했습니다. 소년재판의 판결은 1호 가정위탁과 3호 사회봉사 40시간이었습니다. 5일간 하루에 8시간씩, 그날의 우리의 행동을 후회하면서 사회봉사를 했습니다.

지금 생각하면 그 사건이 제게는 우정이나 의리를 가장한 폭력을 멈추게 해준 터닝포인트였습니다. 학교폭력 가해자로 신고를 당하고 조사를 받을 때는 A가 밉고 원망스러웠지만, 지금은 정말 미안하고 고맙고 감사합니다. 그리고 A에게 사과하고 싶습니다. A의 신고로 그 후로는 손을 함부로 사용하지 않게 되었습니다. 문득문득 중학교 3학년 때 A가 신고해주지 않았다면 더 큰 잘못을 저질렀을 수도 있었겠다는 생각이 듭니다.

학교폭력 당사자로서 지금도 학교폭력의 가해자와 피해자가 계속 생겨나는 것이 너무 안타깝습니다. 피해자는, 쉽지 않겠지만 하루 빨리 신고를 해서 그 악몽에서 빠져나왔으면 좋겠습니다. 가해자가 가장 무서워하는 것은 그 누구도 아닌 '신고'이기 때문입니다. 그리고 가해자는 씻을 수 없는, 나중에 몇 배로 후회할 행동을 당장 멈추길 바랍니다.

마지막으로, 그때 그 일 때문에 마음고생을 하신 부모님께 죄송하며 진심으로 감사하다는 말씀을 드립니다.

1장 내 아이가 학교폭력 가해자가 되었습니다

2장 학교폭력, 이것만은 꼭 알아두자!

3장 누구나 겪을 수 있는 학교폭력;
학교폭력의 기준 이해하기

4장 피하고 싶은, 겪게 되면 두려운 과정들; 전문가의 도움 받기

5장 그 일 이후로
나와 아들은 달라졌습니다

1장

내 아이가
학교폭력 가해자가
되었습니다

· · ·

그 일은, 한 통의 전화로 시작되었습니다. 그 후 1년이 넘는 시간 동안 학교, 경찰, 검찰청, 법원에서 전화와 등기우편이 날아들었습니다. 법원에서 온 등기우편을 받으면서는 혹여 남이 알까 두려웠고, 법원에 가는 날엔 그 자체가 고통이었습니다. 그리고 판사의 말 한마디 한마디가 가슴을 찔렀습니다. '내가 자식을 잘못 키운 건가? 아닌데……. 나는 내 아들에게 남을 해코지하라고 가르치지 않았는데…….' 별별 생각이 다 들었습니다.

01

꿈에도 생각하지 못했는데,
학교폭력 가해자라니…

- 사건의 시작 -

❝ 엄마, 제가 다른 학교
후배를 때렸는데
그 후배가 경찰에 신고했대요. ❞

그날은 여느 날과 다를 게 없는 그저 평범한 날이었습니다.

2015년 6월 오후, 중학교 3학년 아들로부터 전화가 왔습니다. 자기가 후배를 때렸는데 그 후배가 신고를 했고, 그 일로 학교에서 엄마에게 연락할 것이라는 내용이었습니다. 예상 못 한 말을 듣고 당황한 저는 자세한 얘기는 집에서 하자며 전화를 끊었습니다. 그러나 크게 걱정하지 않았습니다. 저는 무슨 일이 생기면 차분해지면서 제삼자의 입장에서 상황을 객관적으로 보고 할 수 있는 일과 해야 할 일을 먼저 생각합니다. 아들의 전화를 받고도 마찬가지여서, 집에서 얘기를 자세히 들어보고 어떻게 해야 할지 결정하면 될 것이라고 생각했습니다.

그런데 아들을 만나기도 전에 담임교사에게서 전화가 왔습니다. 피해학생이 경찰서에 신고를 했기 때문에 학교폭력대책자치위원회(학폭위)*를 바로 열어야 한다며 학폭위가 열릴 날짜와 시간을 알려주고는 참석할 수 있는지를 물어왔습니다. 그러면서 "학폭위가 열리는 날 마침 출장이 잡혀서 저는 참석을 못 해요"라며 학폭위 다음날에 학교에서 면담하면 좋겠다고 했습니다. "알겠다"고 대답하고 전화를 끊었습니다.

아들이 학교에서 돌아오자마자 사건에 대해서 자세히 들었습니다. 5월, 그러니까 벌써 한 달이나 지난 일이며, 신고한 학생 A는 같은 학교가 아닌 다른 중학교에 다니는 2학년생으로 평소 얼굴은 알고 지내던 사이였다고 합니다.

사건은 A가 B를 때리면서 시작되었습니다. B는 아들과 친한 친구의 동생으로, 아들의 2년 후배이기도 합니다. 그런데 어느 날 A가 B와 그 친구들에게서 돈을 빼앗으려 했고, B와 그 친구들이 돈이 없다고 하자 때렸다고 합니다. 이 일을 전해들은 아들은 화가 났다고 합니다. 평소 동생처럼 여긴 B가 다른 학교 아이에게 맞았으니까요. 그래서 A를 우연히 길에서 만났을 때(프롤로그 1에서 밝혔듯, 우연히 만난 게 아니라 불러

---

* 2020년 3월부터 교육청 산하의 '학교폭력심의위원회'로 변경되었습니다.

냈다는 사실을 나중에 알았습니다) "왜 B를 때렸냐? 네가 때린 거 맞냐?" 라고 물어봤는데 A가 반성하거나 미안해하기는커녕 장난하듯 대답을 하고, 그마저도 제대로 대답을 안 했다고 합니다. 그런 A의 모습에 같이 있던 아들의 친구 중 한 명이 주먹으로 A의 얼굴을 때렸고, 이어서 아들이 뺨을 3대 때리고, 다른 친구가 주먹으로 턱을 때렸답니다. 지나가던 어른이 여기서 그러지 말고 조용한 데로 가라고 해서 공원으로 가려는데 누가 신고를 했는지 경찰이 출동해서 부랴부랴 흩어졌답니다.

며칠 후 길에서 우연히 A를 마주쳤는데 "그날은 미안했다. 형이 밥 한 번 살게"라고 사과를 했고, A도 "언제 밥 사줄 거예요?"라고 말하는 등 서로 기분 좋게 얘기하고 헤어졌다고 합니다. 그러다 6월에 전화 통화를 하게 됐는데 A가 아빠 흉내를 내며 엄포를 놓기에 아들의 친구 중 한 명이 "너, 나머지 턱도 맞을래?"라고 말했답니다. 후에 이 일을 알게 된 A의 엄마가 화가 나서 경찰서에 신고를 한 것입니다. 나중에 A의 엄마는 "가해학생이 전화로 협박했고, 맞을까 봐 무서워 아들이 신고했다"고 하더군요. 그 말을 듣고 경찰에게 누구의 말이 맞는지 알려달라고 했더니 알려줄 수 없다며 답을 안 해줬습니다.

퇴근한 남편은 아들의 얘기를 듣더니 "잘했다. 친구 동생에게 그런 일이 생겼는데 나 몰라라 하는 건 아니지. 하지만 폭력을 쓴 건 잘못한 일이야. 방법이 잘못됐어"라고 했습니다. 아들도 아빠의 말에 동의하며 아주 크게 혼나지 않은 걸 안심하는 눈치였습니다.

다음 주 월요일 오후, 아들이 다니는 학교에서 학폭위가 열렸습니다. 타 중학교 2학년 학생 A가 같은 학교 1학년 후배를 때린 사건과, 제 아들과 그 친구들이 타 중학교 학생 A를 때린 사건이 시간만 달리해 같은 공간에서 진행되었습니다. A는 가해자이면서 피해자로 학폭위에 참석한 것입니다. 저는 학교에서 A와 그 부모를 만나고 싶었지만 한 번도 보지 못했습니다. 그래서 연락처라도 알려달라고 선도교사에게 요청했지만, 합의할 생각이 없으니 연락처를 알려주지 말라고 했다는 대답만 들었습니다. 자기 아들도 처벌받을 테니, 자기 아들을 때린 아이들을 처벌해달라면서요. 알고 보니 A가 자기 학교 후배들을 때린 게 처음이 아니었습니다. A에게 맞은 1학년 학생들은 A가 처벌받으면 좋겠다고 했답니다.

대기실에서 아들 친구들의 부모와 함께 학폭위를 기다리는데 심정이 말할 수 없이 착잡했습니다. 가해학생의 엄마로 학폭위에 참석하는 건 꿈에도 생각하지 못한 일이었습니다. 학폭위밖에 방법이 없나 싶으면서, 피해학생에게 사과하고 싶었으나 개인정보보호법과 본인이 원하지 않는다는 이유로 피해학생 측의 연락처를 알려주지 않으니 답답했습니다.

가해자의 엄마로서
주눅이 들고 화도 나다

- 학폭위를 다녀와서 -

**어머님이 학생 대변인이세요?
왜 어머님이 말씀하세요?**

학폭위에는 학교 전담 경찰, 선도교사, A가 다니는 학교의 학폭위 위원, 아들 학교의 학폭위 위원, 가해자로 지목된 우리 아이들과 그 부모들이 참석했습니다. A와 그 부모는 우리와 마주치고 싶지 않다며 이미 가버렸다고 하더군요. 여러 명의 위원들이 양쪽으로 앉아 있고 아이들과 부모들은 입구에 나란히 앉았습니다. 마치 취조받고 재판을 받는 기분이었습니다. 고압적인 분위기에 어른인 저도 주눅이 드는데 아이들은 오죽할까 싶었습니다.

학교 전담 경찰이 "두 개 학교가 관계되어 있고 학년도 다 달라 사안이 처리되기가 쉽지 않다"고 했습니다. 그러더니 사건 경위를 읽어주고 사실 여부를 확인하는데 '주어'가 생략되어서 모두 제 아들과 그 친구들이 한 것처럼 들렸습니다. 그래서 사실과 다른 내용에 대해서는 이의를 제기했습니다.

"'전화해서 불러냈고, 전화해서 협박했다'고 하는데 제 아들과 그 친구들은 A의 전화번호조차 모릅니다. 그런데 어떻게 전화할 수 있습니까? 전화한 것은 그 학생을 아는 다른 학생입니다."

그랬더니 A의 학교 교사가 화를 내며 "어머님이 학생 대변인이세요? 왜 어머님이 말씀하세요?"라고 말하는 겁니다. 어이가 없었습니다. 그래서 "아이들이 대답을 잘 못하고 있어서 사실을 말한 것뿐이에요"라고 했습니다. 다른 위원들이 제 지적이 맞다면서 경위서의 내용을 '다른 아이가 전화해서 불러냈다'고 정정해주었습니다. 같이 참석한 어머니는 "아이들이 폭력을 일삼는 아이들이 아닙니다"라며 선처를 바란다고 했습니다.

학폭위 결과 아들과 그 친구들은 반성문과 사과문을 쓰고 위(Wee)센터에서 진행하는 교육을 5일간 받게 되었습니다. 저를 비롯한 부모들에게는 위센터에서 하는 부모교육을 5시간 받으라는 처분이 내려졌습니다.

학폭위가 끝나고 학교 회의실을 나오는데 학교 전담 경찰이 아이들이 몰려다니지 못하게 하라고 진지하게 충고했습니다. 몰려다니다 보면 사건이 생길 수밖에 없다면서요. 경찰서에 다녀온 한 어머니의 말이, 몰려다니는 아이들의 신상을 경찰이 다 파악하고 있더랍니다. 그런 아이들을 잠재적 범죄자로 여기는 것 같다면서요. 그 말을 듣고 고민이 되었습니다. 중학교 아이들은 또래 친구와의 관계를 무엇보다 소중하게 여기는데 어떻게 몰려다니는 것을 막을 수 있을까요? 부모나 경찰이 몰려다니지 말라 한다고 "네" 하고 따를까요?

저녁에 남편에게 학교에서 있었던 일을 모두 얘기했습니다. 남편은 학폭위에서 제가 이의를 제기한 것에 대해 "잘했다"며 격려해줬습니다. 누구에게도 털어놓지 못한 말을 남편에게 하고 나니 마음이 한결 편했습니다.

다음 날 담임교사와 면담을 하는데, 생각보다 일이 커졌다며 어떻게든 잘 해결되면 좋겠다고 했습니다. 담임교사와 면담을 마치고 저는 같은 가해자 어머니들을 급히 만나 담임교사에게 들은 얘기를 전했습니다. 그리고 어떻게 할지 의논했습니다. 한 어머니는 제 모습이 위태로워 보였는지, 주변에서 더 심각한 상황을 봤다며 너무 걱정하지 말라고 저를 안심시켰습니다. 저 역시 학폭위로 사건이 마무리될 줄 알았습니다. 하지만 생각보다 사건은 쉽게 마무리되지 않았습니다.

돌이켜보면, 신고되기 전 처음 일이 생겼을 때 알았다면 어떻게든 해결해볼 수 있을 일이었습니다. 아이들 모두 처음 저지른 일이었으니까요. 하지만 그 시기를 놓치는 바람에 피해학생에게 제대로 사과하지도 못한 채 전화 협박이라는 일이 추가되었고 경찰에 신고되었습니다. 그렇게 제 아들의 일은 가해학생들이 중학교 3학년, 즉 만 14세 이상이라 형사 처분 대상에 속한다는 점, 2명 이상의 집단이 벌인 일이었기에 특수폭행에 해당된다는 점 때문에 쌍방합의로는 종결될 수 없는 사건이 되고 말았습니다.

학폭위 처분 다음의 수순이 사건의 검찰 송치였습니다. 학폭위는 시작에 불과했습니다. 그 이후 더 많은 시간 동안 많은 일이 있었습니다.

03

차마 내가 가지 못해
남편을 보내다

- 경찰서를 다녀와서 -

**형사님, 목격자 진술에 맞춰서
대답해야 합니까?
안 한 걸 했다고 하라는 거예요?**

A가 경찰서에 신고했다는 사실을 알고 난 며칠 후 경찰에게서 전화가
왔습니다. 토요일 10시까지 경찰서로 아들과 함께 신분증을 가지고 오
라더군요. 그러면서 아들이 피해학생의 배를 때리고 머리채를 잡아끌
고 갔다는 목격자의 진술이 있다고 했습니다. 아들은 그 사건에 대해
진술조차 하지 않은 상태인데 경찰은 이미 A의 진술을 기정사실화하고
있었습니다. 말투가 너무 기분 나빴지만 반박할 수 없었습니다. 때린 건
사실이었으니까요. 경찰서엔 남편이 아들을 데리고 갔습니다. 저는 경

찰서에 갈 엄두가 나지 않았거든요.

저는 남편이 아들과 함께 경찰서에 가서 조사받고 피해학생의 부모와 합의하면 이 사건이 해결될 줄 알았습니다. 그런데 아니란 걸 나중에 알았습니다. 다른 가해학생들과 그 부모들도 같이 조사를 받았는데, 세 명의 아이들을 각기 다른 형사들이 조사하면서 피해학생과 목격자의 진술에 근거해 "몇 대 때렸냐? 어딜 때렸냐?"와 같은 질문을 몇 번이나 하고, 목격자의 진술과 다르다며 "머리채를 잡아끌고 가는 걸 봤다는데 아니냐?"고 계속 추궁했다고 합니다. 간단히 끝낼 수 있는 사실 확인을 몇 시간씩 반복해 조사하고 질문하는 형사의 태도에 한 어머니가 "형사님, 목격자 진술에 맞춰서 대답해야 합니까? 안 한 걸 했다고 말하라는 거예요?"라고 항의했더니 "그런 건 아니지만 목격자가 있으니 그런 것"이라면서 조사를 마쳤답니다. 남편은 아들에게 "네가 한 일만 정확히 말하면 돼"라고 했다더군요. 그 목격자란 아이는 알고 보니 A와 어울려 다니는 아이들 중 한 명이었습니다.

경찰서 조사가 너무 오래 걸려서 걱정했는데, 집에 온 아들은 지쳤는지 별말 없이 방으로 들어갔습니다. 아들은 그날 이후로 다시는 자기 때문에 부모님이 경찰서 가는 일은 만들지 않겠다고 결심했다고 합니다.

얼마 후에 '피의자 신문 시, 체포 시 권리 보호'와 관련된 각종 제도에 대한 안내문을 우편으로 받았습니다. 수사관 교체나 수사 이의를 신청할 수 있다는 내용도 있었는데, 조사를 다 받은 상황이라 그럴 필요를 느끼지 못해 그냥 보기만 했습니다. 저는 앞으로 해야 할 일을 처리하는 것이 더 급했거든요.

어떻게든 A의 부모와 통화라도 하고 싶었습니다. 그렇지만 경찰도 학교 교사도 A 측의 연락처를 알려주지 않으니 직접 사과하거나 합의를 하고 싶어도 할 수가 없었습니다. 그래서 아들에게 A의 연락처를 알아보라고 했습니다. 아들을 통해 알게 된 A의 핸드폰 번호로 전화해서 부모님과 통화하고 싶다고 했습니다. 그러자 A는 "엄마가 연락처를 알려주지 말라고 했고 합의할 생각도 없다고 했어요"라면서 전화를 끊더군요. A의 학교에도 연락했지만 그 학교의 선도교사는 "학교도 그 학생의 어머니와 통화하기가 어렵다"며 더 이상 A에게도 전화하지 말라고 했습니다.

저는 A의 핸드폰 번호로 '부모님께 죄송하다는 말을 전해달라. 꼭 뵙고 사과드리고 싶다'는 문자 메시지를 남겼습니다. 그 후 문자를 몇 번 더 보냈지만 아무런 답이 없었습니다. A가 제가 보낸 문자 메시지의 내용을 자신의 부모에게 전달했는지조차 알 수 없어 정말 답답했습니다. 기다리는 것 말고는 할 수 있는 일이 없었습니다.

학폭위의 처분 내용은 등기우편물로 받았습니다. 그 처분에 불복하면 앞으로 어떤 절차를 따라야 하는지에 대한 안내까지 있었으나, 그땐 그럴 마음의 여유가 없었습니다. 아들에게 내려진 처분은 1호 서면사과, 2

호 접촉과 협박 및 보복행위 금지, 5호 특별교육 이수 5일이었고, 부모에게는 보호자 특별교육 이수 5시간 처분이 내려졌습니다. 특별교육은 학교 밖 시설에서 방학 기간에 받으라는 내용도 있었습니다. 걱정했던 것보다 처분이 낮아 다행이다 싶었습니다. 그러나 학폭위 처분 내용이 생활기록부에 기록되고 고등학교에 진학해서도 기록이 남을 수 있다는 얘기를 듣고 나서는 걱정이 된 건 사실입니다.

04

더운 줄도 몰랐던 그 해 여름

- 변호사 상담과 특별교육을 받고 나서 -

❝ 죄의 성립 조건에 해당되면 죄입니다.
아무리 동기가 선해도
죄가 없어지지 않습니다. ❞

학교에서의 처분은 결정났지만 경찰서 신고 건이 남아 있었습니다. 부모로서 가만히 있을 수가 없어 7월 13일에 지인이 소개해준 변호사를 만났습니다.

변호사 사무실로 가는 내내 많은 생각을 했습니다. 변호사가 '별일 아니다'라고 말해주면 좋겠다는 생각도 했고, 좋은 일이 아니어서인지 그런 일이 있다는 얘기조차 하고 싶지 않다는 생각도 들었습니다. 무엇보다 내 아들이 가해자라는 사실이 정말 싫었습니다.

사무실에 도착해서는 변호사에게 그동안 우리 가족에게 있었던 일들을 모두 얘기했습니다. 그 순간에도 혹시 변호사가 '잘못 키웠으니 아들이 폭력 가해자가 됐지'라고 여기지는 않을까, '일이 이 지경이 되도록 부모로서 뭘 했냐'고 탓하지는 않을까 등 별별 생각이 다 들었습니다. 복잡한 마음을 눌러가며 최대한 객관적으로 말하려 애썼지만, 내 입장에서 하는 얘기였기에 그렇게 객관적이지는 않았을 겁니다.

변호사는 학교에서의 처분 내용을 듣더니 조치가 심각하지 않으니 크게 걱정하지 않아도 될 것이라고 했습니다. 단, 만 14세 이상은 형사처분이 가능한 나이이고, 1 대 1 폭력이면 합의하고 끝낼 수 있지만 두 명 이상이 관여한 집단폭행이니 검찰로 이송될 것이라고 하더군요. 그 후에 어떤 결정이 내려질지는 담당검사에 따라 달라서 지금은 알 수 없다고 했습니다.

저는 피해학생의 행동에도 원인이 있고 동기가 나쁘지 않으니 괜찮지 않겠느냐고 물어봤습니다. 하지만 변호사는 그러더군요. 죄의 성립 조건에 해당하면 죄가 되는 것이고, 나머지는 양형의 기준이 되는 것이지 죄가 없어지는 것은 아니라고 말입니다. 때린 사실이 있고 여러 명이 때렸다면 그게 폭력이고 집단폭력이라는 것입니다. 더 이상 아무 말도 못 했습니다.

감사하다는 인사를 하고 돌아서는데 마음도 머리도 복잡해서 뭘 어떻게 해야 하는지 판단이 안 되더군요. 분명 더운 날씨였는데, 더운 줄도 몰랐습니다.

여름방학이 시작되자마자 아들은 학폭위의 '5호 특별교육 이수'를 7월 20일부터 24일까지 5일간 강동위센터, 경찰서, 자원봉사센터, 청소년상담복지센터에서 교육을 받았습니다. 저 역시 7월 20일과 7월 24일에 강동위센터에서 각각 2시간 30분씩 총 5시간의 부모교육을 받았습니다. 남편은 부모교육에 저만 보내는 것을 미안해했습니다.

첫날의 특별교육은 아들과 같이 받는 교육이라 함께 갔습니다. 처음 가보는 장소라 걱정은 됐지만, 잘못한 행동에 대한 벌을 받으러 가는 길이라 생각하니 출근하는 남편 차나 택시로 편하게 가면 안 될 것 같았습니다. 그래서 대중교통으로 가려고 했는데, 같은 사건으로 교육을 받게 된 아버님이 자기 차로 같이 가자고 아들에게 연락을 해왔습니다. 차로 편하게 갔지만 마음은 편치 않았습니다. '교육자라는 사람이 자기 아들 하나 제대로 키우지 못하면서'란 생각이 사건을 처음 접했을 때부터 마음속에 있었거든요.

학폭위가 있었던 기간에도 저는 해야 하는 강의와 교육 등 많은 일을 평소처럼 했습니다. 물론 심난한 마음을 겉으로 드러내지는 않았습니다. 지나고 보니 어떻게 그랬나 싶지만 사건이 나고 한 달 동안은 평소처럼 지내려 했습니다. 무언가 노력을 한다고 상황이 변하는 게 아니어서 더 그랬나 봅니다.

센터에 도착해서는 가장 먼저 아이들과 부모들 모두 MBTI 성격유형 검사를 했습니다. 그런 뒤에 중학생부터 고등학생까지는 폭력과 담배 등에 대한 교육을 받고, 부모들은 따로 대화법 강의를 들었습니다. 대화법 강의에서는 다른 부모들의 얘기를 들을 수 있었습니다.

고등학생 아들과 함께 온 어느 어머니의 하소연이 기억에 남습니다. 아들이 중학교 때까지는 특목고에 갈 정도로 공부를 잘하고 착했는데 언제부턴가 변하기 시작하더니 지금은 공부를 손에서 놓은 것은 말할 것도 없고 사고를 치고 다닌다며 왜 그런지 모르겠다고 하더군요. 그 어머니는 얘기를 하다가 결국 울음을 터뜨렸습니다. 나도 처지가 비슷하니 뭐라 위로해드릴 수 없었습니다. 그저 얘기를 들어드리는 게 제가 할 수 있는 전부였습니다.

오후엔 아이들만 교육을 받았습니다. 아들을 두고 나오는데 왠지 미안했습니다. '내가 그 일을 미리 알았더라면 일이 커지기 전에 어떻게든 해결했을 텐데. 그랬으면 이런 일 안 겪을 수 있었는데' 싶었습니다. 제가 불편하고 힘든 것 이상으로 아들도 불편하고 힘들겠다는 생각이 들었습니다. 그 상황에서 다행이라고 해야 하는 건지, 밝고 긍정적인 아들은 교육에서 만난 형, 누나, 동생들과 잘 지냈습니다.

사건이 동부지방검찰청으로 넘어가고, 검찰청 명령으로 아들은 7월 21일부터 24일까지 강남청소년수련관 학교폭력예방센터에서 2시간씩 4회, 총 8시간의 교육을 받았습니다.

저와 아들은 주어진 특별교육을 모두 받으며 '이제 검찰에서만 잘 해결되면 끝이겠지. 늦어도 올해 안에는 끝나겠지? 아니, 끝나야 하는데' 하고 막연히 바라고 또 바랐습니다.

05

생애 처음 가본 검찰청

- 첫 번째 형사조정위원회 -

❝ 어머니, 저희가 사과를 안 한 게 아니고
어머니께서 연락처를 알려주지 말라고
하셔서 연락을 못 했어요. 그래서
사과를 하고 싶어도 할 수가 없었어요. ❞

동부지방검찰청에서 담당검사가 정해지고 전화가 왔습니다. 형사조정위원회가 있는데 피해학생과 가해학생의 부모가 함께 만나는 자리이며 조정위원들이 함께 참석한다고 설명했습니다. 그러면서 형사조정위원회를 할 의향이 있는지 물어왔습니다. 마다할 이유가 없었습니다. 당연히 참석하겠다고 대답하니 빨리 열려야 10월이라면서 추후에 일자를 통보해주겠다고 했습니다.

　형사조정위원회가 열리기 전에 그동안의 일들에 대한 진술서, 특별교육을 성실히 받았다는 내용, 부모로서 앞으로 이런 일이 다시는 없게 하겠으니 선처를 바란다는 '부모 진술서', 담임교사가 본 아들과 사건에 대한 '담임 의견서', 그리고 아들의 반성문을 우편으로 검찰청에 보냈습니다. 제가 할 수 있는 일이 이것뿐이더군요. 10월이 되자 '10월 16일 4시에 동부지검에서 형사조정위원회가 있으니 검찰청에 나오라'는 통보가 우편물로 전달되었습니다.

10월 16일에 저는 이것이 마지막 절차일 수 있겠다는 생각으로, 평일이지만 시간을 낸 남편과 함께 동부지검으로 갔습니다. 신분증을 제출하고 출입증을 받아 기다렸습니다. 그리고 처음으로 A와 그 어머니를 만났습니다. 학교 조퇴까지 시켜 아이를 데리고 올 줄은 몰랐습니다. A의 어머니는 아들에게 보여주려고 같이 왔다고 하더군요.

조정위원은 모두 세 명이었습니다. 법조계의 경력자들로 자원봉사로 조정위원을 하고 있다고 했습니다. 그들은 철저히 중립적인 입장에서 위원회를 이끌었습니다. 가장 먼저, 사실과 관련된 사항을 알려주며 맞는지를 확인했습니다. 그런 뒤에 피해학생 측에 발언할 기회를 주자 A의 어머니가 말했습니다.

"처음엔, 맞고 때리는 일은 남자아이들 사이에서 있을 수 있는 일이라 그냥 넘어가려고 했어요. 그래서 자식 키우는 부모 입장에서 진단서도 끊지 않았어요. 그 일로 우리 아이는 병원을 다녔고 코피도 계속 흘리고 턱이 잘못돼서 밥도 잘 못 먹었거든요. 그런데 가해학생이 전화로 협박을 했고, 도저히 참을 수 없어 신고하게 됐어요. 가해학생 측에서는 단 한 번 사과도 연락도 없었어요."

위원장이 가해자 측은 할 이야기가 없는지 물어왔습니다. 남편은 A에게 "우선, 어른으로서 이런 자리에 오게 해서 미안하다"라고 말했습니다. 그러자 삐딱하게 앉아 있던 A가 "아저씨가 왜, 뭐가 미안해요?"라고 대꾸하더군요. A의 태도에 저는 마음속에서 화가 치밀어 올라 한 마디 하고 싶었지만 참았습니다.

다른 부모들도 A와 그 어머니에게 사과를 하고 조정위원들에게 선처를 바란다는 말을 했습니다. 저 역시 미안하고, 우리 아이가 많이 반성하고 있다고 전했습니다. 그리고 하고 싶은 많은 말 중에서 딱 한 가지만 더 말했습니다.

"어머니, 저희가 사과를 안 한 게 아니고 어머니께서 연락처를 알려 주지 말라고 하셔서 연락을 못 했어요. 그래서 사과를 하고 싶어도 할 수가 없었어요."

조정위원들이 연락처를 모르냐면서 연락처를 주라고 A의 어머니에게 말하니 그제야 "명함이 2개인데" 하면서 하나를 주었습니다. 그리고는 조정위원들에게 "가해학생 측의 사과를 받아들이겠다"고 했습니다.

조정위원회는 "이 사건으로 마냥 시간을 보낼 수는 없다. 합의할 의사가 있느냐"고 물어왔습니다. 양측 모두 합의하겠다고 했고, 조정위원회에선 "그럼 얼마면 합의하겠냐"고 A의 어머니에게 물었습니다. A의 어머니는 "코부터 턱까지 수술을 해야 하는데 아는 성형외과 의사에게 물어보니 몇천만 원이 든다고 한다. 정확한 금액은 모른다. 그래서 얼마를 달라고 해야 할지 모르겠다"고 하더군요. 그리고 "병원 가서 진단서와 확인서를 받아와야 하니 시간이 걸린다"고 덧붙였습니다. 10월 29일로 다음 조정위원회 날짜를 잡고 조정을 끝냈습니다.

서로 어색하게 인사를 주고받은 뒤에 집으로 돌아오는데 마음이 답답하고, 언제 끝날지 모르겠다는 생각에 막막했습니다. 그렇지만 아까 A의 어머니에게 받은 연락처로 '오늘 힘드셨겠다. 다시 한 번 죄송하다. 병원 다녀오시면 꼭 연락을 달라'고 문자를 보냈습니다. 하지만 아무런 답이 없었습니다.

답답한 마음에 법률 자문을 받다

- 푸른나무재단(청예단) 법률 자문을 받고 나서 -

**❝ 검사가 아이들을 교육받게 하고
화해 조정도 한 것을 보니 크게
걱정하지 않으셔도 될 거예요. ❞**

다시 기다림의 시간이 시작되었습니다.

첫 형사조정위원회 이후로 A의 어머니로부터 연락이 없어 문자 메시지로 병원은 다녀왔는지를 물었지만 답장이 없었습니다. 다른 가해 학생 어머니 중 한 분이 청소년폭력예방재단(청예단. 현재의 '푸른나무재단')에서 무료로 법률 상담을 해준다고 알려주었습니다. 직장을 다니는 어머니이기에 제가 상담받겠다고 했습니다. 먼저 푸른나무재단(청예단)에 전화를 걸어 상담 신청을 하고 10월 26일 1시 30분에 방문했습니다.

법률 자문은 월요일만 하고 있었습니다. 그때의 인연으로 푸른나무재단(청예단)에서 전화상담 봉사를 하게 되리라곤 생각하지 못했습니다.

푸른나무재단(청예단)에 들어서니 전화로 상담 접수했던 직원이 와서 기본 사항을 적으라고 하더군요. 상담 변호사는 무료로 자원봉사를 하는 변호사이기 때문에 상담만 하지 재판이나 법률적인 처리는 하지 않는다고 알려줬습니다. 아들의 사건 내용을 들은 푸른나무재단(청예단) 직원은 더 심각한 사례가 있었는데 잘 처리되었다며 걱정하지 말라고 저를 안심시켰습니다.

잠시 후에 상담변호사가 있는 방으로 가 사건이 벌어진 날부터 검찰청 형사조정위원회에 참석한 일까지 얘기했습니다. 변호사는 가만히 들어주었습니다. 얘기를 마친 저는 앞으로 어떻게 될지, 합의금은 얼마를 줘야 하는지 등 당장 궁금한 내용을 물어봤습니다.

변호사는 학폭위의 처분 내용을 보니 큰 사건이 아니라고 했습니다. 그리고 피해학생이 크게 다치지 않았고 그 당시의 진단서가 없기 때문에 어느 병원의 의사라도 지금의 상태에서 진단서를 끊을 수 없을 거라고 했습니다. 그러나 앞으로 어떤 조치가 필요할 수도 있다는 소견서는 써줄 거라고 했습니다. 하지만 그건 소견서일 뿐 진단서가 아니라서 합의금 산정에 크게 작용하지 않겠다면서 1인당 100만 원에서 200만 원 정도면 적정한 합의금일 수 있겠다고 했습니다. 그리고 합의가 잘되면 검찰에서 마무리하고 끝날 거라고 했습니다. 아이들에게 특별교육도 받게 하고 형사조정위원회도 연 것을 보면 크게 걱정하지 않아도 되겠다고 하면서요. 전문가인 변호사가 걱정하지 말라고 하니 마음이 놓였습니다. 잘될 거라는 말에 감사한 마음이 절로 들어 몇 번이나 고맙다고 인사를 하고 상담 확인란에 서명을 하고 돌아왔습니다.

사실 푸른나무재단(청예단)에 오기 전에 마음이 너무 답답해서 인터넷에서 알게 된 학교폭력 전문 변호사와 개인적으로 알고 있는 학교폭력 전문 변호사에게 이메일로 상담을 했었습니다. 그 변호사들은 합의를 권유하면서 한쪽의 얘기를 듣고 상담하는 데는 한계가 있다는 일반적인 답변만 했습니다.

그날 저녁, 다른 가해학생들의 어머니들을 만나 푸른나무재단(청예단)에서 들은 내용을 전했습니다. 그리고 변호사의 조언대로 최대 1인당 200만 원씩 총 600만 원의 합의금을 준비하면 어떻겠느냐고 제안했습니다. 한 어머니는 A의 어머니가 조정위원회에서 몇천만 원이란 금액을 말한 걸 보면 결국 합의금을 받으려고 신고한 것 아니겠느냐며 한 푼도 주고 싶지 않다고 했습니다. 저는 우리 아이들이 때린 것은 사실이고, A의 어머니가 얘기하는 상해를 확인할 수는 없지만 A가 고통을 당했고 힘들어한 것도 사실이니 피해 보상 차원에서라도 도의적인 책임을 져야 한다고 설득했습니다. 결국 다른 두 어머니가 제 얘기에 동의를 했습니다. 또 한 번 '이걸로 끝이겠구나!' 안도했습니다.

합의금을 주고 끝낼까?

- 두 번째 형사조정위원회 -

❝ 어머니, 어떻게 하실 거예요?
저 어머니는 절대 2,000만 원
이하로는 합의하지 않을 거예요.
2,000만 원에 합의하신다면
우리가 조정해볼게요. **❞**

2주 정도의 시간이 지난 10월 29일 4시, 동부지검에서 지난번 조정위원들과는 다른 조정위원들과 함께 피해학생 측과 가해학생 측이 만났습니다. 이번에도 저는 남편과 함께 참석했습니다.

　A의 어머니는 이번에도 아이를 데리고 오셔서는 병원에서 받은 서류를 위원들에게 제출했습니다. 위원들이 "합의금은 얼마를 원하느냐"고 묻자 A의 어머니는 자기 아들이 듣는 데서 얘기하고 싶지 않다며 A를 내보냈습니다. 병원에서 받은 소견서와 자비로 받은 정신 상담 치료

비, 지금 당장 해야 하는 코 수술비 500만 원, 앞으로 있을 2차 수술비 800만 원에서 900만 원, 지금은 괜찮지만 나중에 턱이 돌아갈 수도 있고 그러면 양악수술을 해야 하는데 그 금액은 얼마일지 정확하지 않지만 2,000만 원 이상이니 다 합쳐서 4,000만 원을 달라고 했습니다.

그러자 위원 중 한 분이 말했습니다.

"저도 학창 시절에 싸워서 코뼈가 휜 적이 있어요. 나중에 잘못될 수도 있다고 했지만 아무 문제 없이 잘살고 있어요. 앞으로 어떻게 될지 모를 일에 들어갈 비용까지 지금 달라고 하는 건 좀 그렇지 않으세요? 이 분들에겐 큰돈일 수 있어요. 한꺼번에 다 받기보다는 차후에 수술할 일이 생기면 그때 받는 걸로 합의를 보는 방법도 있어요."

하지만 A의 어머니는 지금 다 받아야겠다고 했습니다. 저를 비롯한 가해학생들의 부모들은 너무 큰 액수에 당황해서 서로 얼굴만 쳐다봤습니다. 순간, 합의금을 달라는 대로 주고 끝낼까 하는 생각이 들었지만 혼자 결정할 일이 아니었습니다.

저와 남편을 포함해 가해학생들의 부모들이 아무 말도 못 하고 있자 위원장이 "가해학생들의 부모님들도 의논을 해야 하니 피해학생과 그 어머님은 잠시 나가 있는 게 좋겠다"고 했습니다. A의 어머니는 부산에 사시던 시아버님이 지금 돌아가셔서 빨리 가봐야 하니 서둘러달라고 했습니다. A와 그 어머니가 회의실에서 나가고 위원장이 우리에게 물었습니다.

"어떻게 하실 거예요? 저 어머니는 절대 2,000만 원 이하로는 합의하지 않을 거예요. 2,000만 원에 합의하신다면 우리가 조정해보겠습니다."

저를 비롯해 가해학생들의 부모들은 서로 의견을 나누었습니다. A의 어머니가 원하는 대로 합의금을 주면 범죄행위는 있으나 기소하지 않는 기소유예로 일이 마무리되겠지만, '맞으면 돈 받는구나'라고 여기게 될 피해학생을 위해서라도 돈으로 합의하는 건 옳지 않다는 쪽으로 의견이 모아졌습니다. 이 일이 해결되기까지 시간이 더 걸리고 예상하지 못한 재판이란 걸 받더라도 우리는 합의하지 않겠다고 결론을 내렸습니다. 집단폭행은 검사가 사건을 수사한 후 재판에 회부하지 않는 것이 알맞다고 판단되더라도 불기소(기소하지 않고 사건을 종결하는 것) 처분이 되지 않는다는 걸 그때는 몰랐습니다.

조정위원이 A와 그 어머니를 들어오라고 하고 합의가 되지 않았음을 알렸습니다. 그리고 검찰에서 합의가 되지 않았으니 사건은 법원으로 넘어간다고 알려주었습니다. A의 어머니는 바쁘다며 아들과 부랴부랴 그곳을 떠났습니다. 가해학생들의 부모들도 검찰청을 나와 별다른 말 없이 헤어졌습니다. 남편은 잘될 거라며 절 안심시켰습니다.

한편 장례를 치르러 간다는 A의 어머니의 말이 생각나 '힘든 시간일 텐데 죄송하다. 큰일 잘 치르시고 먼 길 조심히 다녀오시라'고 문자를 보냈더니 '감사하고 저도 죄송하다'는 답장을 보내왔습니다.

사건이 있고 5개월 동안 참 많은 일들이 있었습니다. 물론 사건이 마무리된 것도 아니고 앞으로 어떤 일이 펼쳐질지 상상이 안 됐지만, 일생 동안 한 번도 가보지 않은 검찰청에 간 것도 모자라 이젠 법원에까지 가야 하니 마음을 단단히 먹어야 했습니다.

여기까지 올 줄이야

- 가정법원 소년재판을 준비하며 -

❝ 일이 이렇게까지 커지고, 해결되기까지
오래 걸릴 줄 몰랐어요.
탄원서 서명지 놓고 가시면
제가 다른 선생님께도 받아드릴게요. **❞**

검찰청의 형사조정위원회에서 합의되지 않고 법원으로 사건이 넘어가
자 또다시 막막함이 몰려왔습니다. 그래서 11월 30일 2시 30분에 푸른
나무재단(청예단) 변호사와 다시 상담을 했습니다.

법원에서의 판결이 어떻게 이루어지는지 궁금했습니다. 판결은 그날
바로 나는지, 가해자마다 같은 처분을 받는지, 필요한 소명 서류는 무엇
인지, 재판에서 억울함을 표명할 수 있는지, 재판 이후 과정은 어떻게
되는지, 민사소송을 해올 경우 어떻게 되는지, 피해자 측의 요구 금액을

다 들어줘야 하는지에 관해서 시시콜콜 물었습니다.

변호사는 제가 궁금해하는 점에 대해 일일이 대답해주었습니다. 판결은 재판하는 날 바로 나며, 가해자마다 처분이 다른 수 있고, 소명 서류로는 탄원서, 선행상이나 자원봉사 자료 같은 것들이 도움이 되며, 재판에서 억울함을 표명할 수 있고, 재판 판결은 보호관찰 처분이 나올 수 있겠다고 했습니다. 피해자 측에서 민사소송을 해올 경우 원하는 만큼 금액을 청구할 수는 있겠지만 판결이 어떻게 나느냐에 따라 일부 승소일 땐 피해자 측에서 가해자 측에 비용을 물어줘야 하며, 인지대도 들고, 피해 사실에 대해 피해자 쪽에서 증명해야 하기 때문에 피해자 측은 청구한 금액을 100퍼센트 다 받을 수 없다고 했습니다. 변호사의 설명을 들으니 제가 지나치게 걱정하고 있다는 생각이 들면서 마음이 좀 놓였습니다.

변호사는, 법원은 가해자의 진정한 사과와 반성, 합의 부분을 가장 중요하게 여기니 공탁을 통해 합의 의사가 있음을 보여줄 필요가 있다고 조언했습니다. 그러나 공탁으로 재판장을 설득할 수는 있어도 피해자 측이 수령하지 않으면 참작되지 않는다고 했습니다. 공탁 금액으로 얼마 정도면 되겠느냐는 물음에 300만 원이면 되겠다고 하더군요.

또다시 걱정이 시작됐습니다. A의 어머니가 어떤 생각을 가지고 있는지, 법원의 판결은 어떻게 날지, 언제 재판이 있을지 알 수 없었습니다.

법원으로부터 우편물이 왔습니다. 아들에게 12월 14일부터 16일까지 3일간 서울남부청소년비행예방센터에서 하루 종일 상담조사와 교육을 받고, 부모도 2시간 30분의 교육을 받으라는 내용이었습니다. 부모교육은 권고사항이었지만 교육을 받았는지 안 받았는지가 법원에 통보된다고 했습니다. 아들은 교육이 끝나는 날 '교육 이수 확인서'를 받아 학교에 제출하면 출석으로 인정해준다고 해서 그렇게 했습니다.

저는 재판에 도움이 될 만한 소명 자료로 탄원서를 작성하고 담임교사를 찾아가 서명을 부탁했습니다. 담임교사는 이렇게까지 일이 커지고, 해결되기까지 오래 걸릴 줄 몰랐답니다. 피해학생 측이 제시한 합의 금액을 말했더니 놀라더군요. 다른 교사들에게도 서명을 받아주겠다면서 서명 용지를 두고 가면 나중에 아들 편에 보내겠다고 했습니다. 잘 마무리됐으면 좋겠다는 말도 해주었습니다. 담임교사가 그렇게 말해주니 그나마 아들의 학교생활이 크게 힘들지 않겠다는 생각이 들면서 마음이 놓였습니다.

활동하던 시민단체의 간사들과 가까운 회원들에게도 서명을 받았습니다. 특히 부모의 경제적 여력과 아이를 보호할 만한 환경인지를 중요하게 본다고 해서 생계와 관련된 소득 관련 서류인 사업자등록증과 부모의 학력을 증빙할 서류도 준비했습니다. 그리고 피해자와 합의하기 위해 노력한 부분들까지, 준비할 수 있는 서류는 다 준비해 12월 23일 가정법원에 등기우편으로 제출했습니다.

12월 31일에 가정법원에 가서 재판과 관련된 서류를 열람하고 다시 동부법원으로 가서 공탁금 300만 원에 공탁을 신청했습니다. 저를 포함한 가해자 측은 피해자 측이 제시한 4,000만 원에 합의를 하지는 않았지만 합의할 의사가 있음을 공탁으로 밝힌 것입니다.

그런데 A의 어머니가 공탁 금액을 전해듣고는 더 이상 우리와 개인적으로 연락하고 싶지 않다며 변호사를 선임했습니다. 본인은 좋게 해결하려고 조사관이 연락왔을 때도 잘 얘기했는데 어떻게 그러느냐면서 민사소송이든 손해배상이든 하겠으니 앞으론 변호사와 얘기하라고 하더군요. 변호사 비용도 물어야 할 거라면서요.

얼마 후 피해학생 측의 변호사가 전화를 해와서 합의금으로 얼마를 줄 수 있느냐고 물었습니다. 저는 "피해자가 원하는 금액이 있을 텐데 저희가 금액을 말한다고 그 금액을 받을 건 아니지 않느냐. 의뢰인과 상의해서 알려달라"고 했습니다. 그 변호사는 알았다고 하고 전화를 끊었지만 그후론 연락이 없었습니다.

'드디어 끝났다'고
생각했는데…

- 가정법원 소년재판을 받고 나서 -

❝ 아무리 동기가 선하더라도
폭력은 안 된다. ❞

2016년 1월 12일 서울가정법원에 출석하라는 소환장이 왔습니다. '폭력행위 등 처벌에 관한 법률 위반(공동폭행)'이 사건명이었습니다. 한마디로 집단폭행이라는 의미였습니다.

재판을 기다리며 복도에 앉아 있는데 초등학생도 보였습니다. 그 아이는 자전거를 훔쳐서 재판을 받게 됐다고 합니다. 만 14세 미만이면 바로 소년재판에 넘겨지고 만 14세 이상이면 검찰로 가는데, 기소유예가 되면 그걸로 끝이지만 기소가 돼서 죄가 무거우면 형사법원으로, 죄가 가벼우면 소년재판으로 온다고 지난번 부모교육에서 들었던 기억이 났습니다. 우리보다 앞서 재판을 받은 또 다른 학생은 부모가 아닌 할머니와 온 것 같았습니다. 그런데 재판장에 들어간 학생은 나오지 않았고, 그 대신 법원 직원이 학생의 소지품을 할머니에게 주며 보호기관으로 바로 갔다고 알려줬습니다. 황망해하던 할머니를 보면서 혹시 내 아들도 저렇게 되면 어쩌나 걱정됐습니다.

우리 차례가 돼서 아이들과 함께 재판장에 들어갔습니다. 판사는 사건에 대해 읽으며 내용이 사실과 맞는지를 확인하고 "세 집 중 한 집은 재산이 많으니 같이 합의 볼 생각은 하지 말고 집안의 경제사정에 따라 아이들을 위해 1 대 1로 합의를 보라"고 하더군요. 그리고는 "피해자는 맞았으니 얼마나 힘들었겠느냐. 가해자는 여러 명이니 서로 의지도 되고 의논도 하고 했을 거다. 위안도 됐을 것"이라고 말하는데 어이가 없었습니다. 가해학생의 부모들은 당연히 힘들어야 하는 건가요? 위안이 된 것에 대해 죄책감을 느껴야 한다는 얘기로 들려서 반발심이 올라왔습니다.

판사는 피해자의 과한 합의금은 전혀 문제 삼지 않았고, 폭행의 동기나 정도도 고려하지 않았습니다. 그러면서 교육받는 동안 좋았던 아이에게 화를 내면서 "반성하지 않았다. 잠이 오더냐"고 꾸짖었습니다. 한마디 하고 싶었지만 재판에, 그것도 가해학생의 부모로 와 있으니 그저 잘못했고 선처를 바란다는 말밖에 할 수가 없었습니다. 마지막으로 판사는 "한 번도 피해자 측과 만나 서로의 심정을 제대로 얘기할 시간이 없었다. 시간을 마련해줄 테니 심리 전문가 등과 함께 만나 화해 및 조정 절차를 거치라"며 심의를 마쳤습니다. 판결일은 나중에 통보된다고 했습니다.

기다림의 시간이 익숙해질 만도 한데 그렇지 않더군요. 마음이 불편하니 아무것도 손에 잡히지 않아서 500조각짜리 퍼즐을 하루에 두 개씩 완성하며 시간을 보냈습니다. 그러면서 화가 나고 속상하기도 하다가 뭔지 모를 감정이 북받쳐 울컥울컥하기도 했습니다.

2월 29일 3시에 다시 법정에 출두하라는 소환장이 왔습니다. 당연히 피해학생 측과 만날 줄 알고 갔는데, 지난번과 같은 법정으로 들어갔습니다. 이번엔 다른 판사가 심리를 진행했습니다. 지난번엔 다 같이 들어갔는데 이번엔 한 명씩 들어오라고 하더군요. 그동안 합의가 됐는지 물어보고, 아들에게는 지금의 심경에 대해 질문을 했습니다. 아들의 "잘못했다"는 대답을 듣고 판사가 마지막으로 한 말은 "아무리 동기가 선해도 폭력은 안 된다"였습니다. 법정을 나오면서 아들은 판사의 그 말 한 마디가 그동안 힘들었던 것을 다 만회해줬다며 웃었습니다.

법원은 1호 감호 위탁 6개월, 3호 사회봉사 40시간 처분을 내렸습니다. 사건이 생기고 1년 가까이 지나 판결을 받으니 이젠 정말 끝이구나 싶으면서 가벼운 처분이 감사했습니다. 그동안 마음 졸인 시간들에 대한 보상처럼 느껴졌습니다. 아들이 걱정한 소년분류심사원에 들어가지 않은 것만으로도 다행이었습니다.

'감호 위탁 6개월'이란 아이가 6개월 동안 보호자의 지도하에 아무 일 없이 지내야 하고, 만약 그 기간에 아이에게 다른 일이 생기면 가중 처벌을 받게 되는 것을 의미합니다. 우리 부부는 아들에게 "고생했다. 앞으로는 어떤 일에도 관련되지 않도록 주의하고, 귀가 시간도 철저히 지키라"고 했습니다. 아들도 저와 남편이 정한 규제를 당연하게 받아들였습니다.

중학교 졸업 전에 판결이 나서 천만다행이었습니다. 생활기록부에도 기록이 남지 않는다는 말에 다시 감사했습니다. 이제 정말 사회봉사만 잘해내면 모든 게 끝이다 했습니다. 또 다른 일이 기다리고 있을 줄은 그땐 몰랐습니다.

학교에서 전화만
와도 심장이 철렁

- 고등학교에 입학한 후 -

❝ 이번 일이 일어난 상황을 알아보니
중학교 때 왜 그런 일이
있었는지 알겠습니다. ❞

　제 아들은 고등학교에 입학하고 잘 지냈습니다. 그런데 어느 날 생활지도교사로부터 연락이 왔습니다. 무슨 일이 생겼나 싶어 덜컥 겁부터 났습니다. 생활지도교사는 상담실로 오면 자세히 말해주겠다면서 면담 시간을 알려줬습니다. 알았다고 대답하고 전화를 끊었습니다.

　학교에서 돌아온 아들에게 무슨 일인지 물었습니다. 아들이 들려준 얘기는 시간이 좀 지난 일에 대한 것이었습니다.

　학기 초 체육시간에 탁구로 팀 수행평가를 했다고 합니다. 수행평가가 끝나고 시간이 남으니 교사는 자유시간을 줬고, 몇몇 아이들이 서로 시합을 했답니다. 그러다가 시합을 하자고 제안했던 아이가 계속 시합에서 지니 돈 내기를 제안했는데 또다시 졌다고 합니다. 아들은 시합은 하지 않고 옆에서 구경만 했습니다. 그런데 시합에서 진 아이가 약속한 돈을 주지 않았고, 아이들은 왜 돈을 안 주냐며 따졌나 봅니다. 그러자 그 아이가 용돈을 아직 못 받아서 그러니 시간을 달라고 했답니다. 옆에서 지켜보던 아들이 다른 친구들에게 "이제 그만 달라고 해라"라고 했답니다.

아들의 얘기를 듣고 나니 이해가 안 갔습니다. 시합을 하고 내기를 한 아이들은 따로 있는데 옆에서 보기만 한 제 아들에게 무슨 잘못이 있다는 건지 알 수 없었습니다. 담임교사에게 전화를 드려 자초지종을 들으니, 반 아이들 전부에게 그 사건에 대해 아는 게 있으면 모두 적어서 내라고 했고, 그 내용이 상담교사에게 전달됐다고 하더군요.

2016년 6월 9일 8시 30분에 학교 상담실로 남편과 함께 갔습니다. 조금 후에 아버님 한 분이 더 오셨습니다. 내기에서 이긴 아이의 아버님이었습니다. 생활지도교사가 아들에게서 들은 내용과 담임교사가 확인한 내용까지 말해주었습니다. 그런데 결정적으로 문제가 된 것은 그 학생이 노트에 '학교에 가기 싫다. 죽고 싶다'라고 쓴 것을 부모가 보게 되었고, 너무 놀란 부모가 아이와 함께 학교로 찾아와서는 관련 학생들

중 몇 명을 지목하더니 이 일은 그냥 넘어갈 수 없다고 했다는 것입니다. 그 부모가 지목한 학생들이 바로 같이 시합했던 학생과 우리 아들이었습니다. 교사는 찾아온 학부모에게 그 상황을 다시 설명하고 상황을 좀 더 알아볼 테니 돌아가 계시라고 했다고 합니다.

그 학생의 부모는 노트에 적힌 내용을 보고 너무 놀라 혹시 아이가 극단적인 생각을 하지 않을까 걱정을 한 것 같았습니다. 게다가 그 학생은 초등학교 때도 왕따를 당해서 힘들어했던 경험이 있었다고 하더군요. 상담교사도 그 학생과 학부모의 말만 들었을 때는 우리 아들과 시합을 같이 한 아이가 너무 괘씸했다고 합니다.

그런데 반 아이들의 목격담을 종합하고 죽고 싶다던 학생의 얘기를 들어보니, 그 아이는 그때의 일을 왜곡해서 기억하고 있더랍니다. 분명 자신이 지갑에서 돈을 꺼내서 줘놓고 다른 아이가 가방에서 지갑을 꺼내 돈을 가져갔다고요. 용돈을 받지 않아서 돈이 없는데 시합에서 이긴 친구가 자꾸 내기 돈을 달라고 하니 스트레스가 됐나 봅니다. 보통 아이였다면 용돈을 받지 않아서 돈이 없다고 솔직히 얘기했을 텐데. 아들도 그런 사실을 전혀 몰랐고 오히려 언제까지 주겠다고만 말하니 답답했다고 하더군요. 돈을 받기로 한 아이도 안 받아도 된다고, 받지 않겠다고 했다 합니다.

상황을 전부 알게 된 생활지도교사는 찾아온 학생과 그 부모에게 잘 말씀드리겠다고 했습니다. 그 학생은 학교에 나오지 않고 집에 있다고 했습니다. 그러면서 제 아들이 중학교 때 왜 그런 일이 있었는지, 이번 일이 있고 보니 아들의 성향을 알겠다고 했습니다. 자신의 일이 아니어도 내 일처럼 나서는 성향을 말이죠.

의도했건 의도하지 않았건 한 아이가 고통을 겪었고, 그 고통이 죽고 싶다고 느낄 만큼 심했다고 하니 미안하고 그 부모의 심정이 어땠을지 짐작이 갔습니다. 내기에서 이긴 아이의 아버님은 아들이 고등학교에 올라와서 마음잡고 공부해 성적이 많이 올랐는데, 혹시라도 이번 일 때문에 대학 진학에 문제가 생길까 봐 걱정을 했습니다. 그 마음도 이해가 됐습니다.

생활지도교사가 너무 걱정하지 말라며 다시 연락을 주겠다고 해서 믿고 돌아왔습니다. 이번 일은 가해자, 피해자가 있는 것이 아니라 그냥 관계자만 있을 뿐이라고 했습니다.

또다시 학교폭력으로 신고되다

- 상담교사의 현명한 대처 -

아이들이 처분 받기를 원하지 않으며, 아이들이 모두 학교생활을 잘하길 바랄 뿐입니다.

일주일도 지나지 않아 생활지도교사로부터 연락이 왔습니다. 학교로 다시 와주면 좋겠다는 내용이었습니다. 2016년 6월 14일 10시, 다시 학교 상담실로 남편과 같이 갔습니다. 학교에 갈 때마다 남편이 항상 같이 가줘서 든든했습니다.

생활지도교사는 상대 부모에게 사실대로 알렸고, 다행히 그 부모가 이해하고 없던 일로 하겠다고 했답니다. 그런데 내기에 이겼던 학생의 아버지가 속상한 마음에 교육부 신문고에 사연을 올렸고, 그 내용이 해당 교육청을 통해 학교로 연락이 왔다고 합니다. 예전에 비슷한 경우가 있었는데 결국 그 아이가 자살을 했답니다. 그래서 교육청에선 그냥 넘기지 말고 정식으로 학폭위를 열어서 학교가 적극적으로 해결하고자 노력한 것을 남기라고 지침이 내려왔으니 학폭위를 열 수밖에 없다고 했습니다.

상담실을 나서는데 신문고에 글을 올린 아버지가 우리에게 너무 미안해했습니다. 자기 때문에 열리지 않아도 될 학폭위가 열리게 됐다면서요. 짧은 순간이었지만 속으로 그 아버지를 원망했습니다. 특히 우리 아들은 그 당시 유예기간이라고 할 수 있는, 1호 처분인 '부모의 관리하에 지도 중'인 상태였으니까요. 일이 커지면 가중처벌을 받을 수도 있겠다 싶었습니다. 하지만 우리 부부는 그 아버지에게 "이렇게 될 줄 모르고 한 일이고 잘해보려고 한 일이니 미안해하지 말라"고 했습니다. 생활지도교사도 "상대 부모도 아이들이 처벌 받기를 원치 않는다고 했으니 크게 문제되지 않을 것"이라고 했습니다.

6월 20일 4시에 학폭위가 예정되어 있었습니다. 3명의 학생과 그 부모들이 한 자리에 모였습니다. 대기하고 있는데 내기에서 진 학생의 부모가 와서 심정을 얘기하더니 아이들의 이름을 한 명 한 명 부르며 인사를 했습니다. 우리 아들에게는, 자기 아들이 평소에 마음에 드는 친구라고 얘기했다는 말도 해주었습니다. 그 말을 들으니 아마 그 아이가 평소 마음에 들어하던 아들의 행동에 더 섭섭함을 느꼈나 보다 싶었습니다. 그 부모는 다시 한 번 "학생들이 처벌 받기를 원치 않으며, 내 아들이 다시 학교에 다니고 반 아이들과 잘 지내길 바란다"고 말했습니다. 우리 역시 바라는 바라고 얘기했습니다.

학폭위가 시작되었습니다. 먼저, 신고한 학부모가 학폭위가 열리는 학교 회의실로 들어갔다 나왔습니다. 뒤이어 각각의 학생과 부모가 그곳으로 들어갔습니다.

우리 차례가 되어 들어가니 학교 관계자와 중학교 때 아들 사건을 조사했던 관할 경찰서 형사가 있었습니다. 그 형사가 사실 관계를 확인하며 아들에게 "협박했냐"고 물어보더군요. 아들은 "돈 언제 줄 거냐고 물어봤다"고 대답했습니다. 그랬더니 대뜸 "말로 위협하는 것도 협박이다. 상대가 그렇게 느끼면 협박이다"라며 다시 확인을 했습니다. 그러자 아들은 또박또박 "위협하지 않았고 그냥 물어보기만 했다"고 대답했습니다. 그 형사의 태도와 질문을 들으며 다시 한 번 화가 났습니다. 하지만 그 자리에서 내가 화를 내는 것은 도움이 되지 않을 것을 알았기에 참았습니다. 그리고 그저 "선처를 부탁드린다"는 말과 함께 "아이들이 서로 잘 지내면 좋겠다"는 바람을 전하고 나왔습니다.

그날은 학폭위 결과가 바로 나오지 않았습니다. 시일이 지나고 결국 '조치 없음'으로 처리되었고, 그에 따른 어떤 처분도 없고 사건과 관련한 기록도 남지 않는다고 학교에서 연락이 왔습니다. 담임교사는 그날 형사의 질문에 자기도 화가 났다며 저에게 마음고생했다고 위로를 했습니다. 저 역시 "선생님도 힘드셨을 텐데 잘 해결돼서 다행"이라고 했습니다.

그 학생은 다시 학교를 나오기 시작했습니다. 반 아이들도 그 아이의 성향과 상처를 알게 되었으니 좀 더 신경을 쓴다고 하더군요. 생활지도 교사와 담임교사가 대처를 잘해서 무엇보다 아이들이 상처받지 않고 일이 마무리되어 너무도 다행이라는 생각이 들었습니다. 저 역시 아들이 가해자가 되지 않아 너무 감사했습니다.

12

한마디 말이 일파만파 퍼지다

- 학교폭력 사주 혐의? -

❝ 지금 제가 다니던 중학교에
와서 경위서 쓰고 있어요. ❞

고등학교 1학년 2학기를 별탈없이 지내고 아들은 고등학교 2학년이 되었습니다. 그런데 2017년 9월 18일, 아들이 학교에서 돌아올 시간이 지났는데 집에 오지도 않고 연락도 없었습니다. 궁금하고 걱정이 돼서 전화를 했더니 졸업한 중학교에서 경위서를 쓰고 있다고 했습니다. 무슨 일이 있기에 고등학교도 아니고 졸업한 중학교에 가서 경위서를 쓰고 있나 싶었습니다. 작년에 생각지도 못한 학폭위가 열렸는데, 1년에 한 번씩 무슨 일인가 싶어 아들이 집에 올 때까지 얼마나 초조했는지 모릅니다.

아들의 말에 의하면, 지금 다니는 고등학교로 중학교에서 연락이 와서 가게 됐다고 합니다. 중학교 3학년이 중학교 2학년 아이를 때렸는데 제 아들이 사주한 걸로 됐답니다. 사건은 아들이 동네의 좁은 골목을 지나면서 시작되었습니다. 자기가 다니던 중학교의 아이들 몇 명이 지나가기에 옆으로 비켜서 있다가 아이들이 모두 지나가고 반대편으로 가는데 뒤에서 욕하는 소리가 들렸답니다. 그래서 아들이 "뭐라고 했냐? 욕했냐? 너 몇 학년이냐?" 하고 물었고, "친구에게 한 말이며 중학교 2학년"이라는 대답에 "알았다"며 그냥 가던 길을 갔다고 합니다. '중딩들 철없는 걸 알기에' 뭐라 하지 않고 보냈답니다. 마침 아는 중학교 3학년 동생을 만나 "중2들에게 발렸다('졌다'의 비속어)"라고 웃으며 얘기하고 집으로 왔답니다.

이후에 일이 이상하게 전개됐습니다. 아들에게 얘기를 들은 동생이 자기 친구에게 그 일을 얘기했고, 전혀 모르는 다른 3학년 아이가 아들과 동시에 골목길을 지나던 중학교 2학년 아이를 불러내서 그 말이 사실이냐고 묻고 때렸다는 겁니다. 그리고는 맞은 학생이 "다시는 그러지 않겠다"고 한 사과의 말을 녹음해서 제 아들에게 페이스북 메시지로 보내왔답니다. 녹음 내용을 듣고 아들은 '왜 이런 짓을 하냐? 그러지 말아라' 하고 메시지를 보냈답니다. 그땐 자기가 모르는 3학년 후배가 2학년 그 아이를 때린 줄 몰랐다고 하더군요.

맞은 학생의 어머니가 겁이 나서 경찰에 신고를 했고, 결국 중학교생활지도교사는 그 일과 연관된 학생들에게 경위서를 쓰게 한 것입니다. 알고 보니 맞은 학생이 아들 친구의 동생이었습니다. 그걸 알고 아들이 "나 때문에 그런 일이 생겼다"며 친구와 친구 동생에게 전화해 미안하다고 사과를 했답니다.

저는 아들에게 얘기를 듣고 어이가 없었습니다. 이젠 학교폭력 사주 혐의까지 받게 되다니……. 그냥 있다가 사주한 걸로 되면 어쩌나 걱정되었습니다. 이런 사실을 맞은 학생의 부모에게 알려야겠다는 생각이 들었습니다. 그래서 아들에게 그 부모의 연락처를 알아보라고 했습니다. 저는 연락처를 받고 바로 전화를 해서 사건의 경위를 얘기하고, 아이가 맞아서 속상하고 힘들겠다는 위로를 건넸습니다. 무엇보다 우리 아들이 사건의 발단이 되어 죄송하다고 사과를 했습니다.

그 어머니는 자기 아이가 동급생도 아닌 선배에게 맞아서 더 겁이 났다고 하더군요. 그리고 우리 아들과 길에서 마주친 학생은 자신의 아들이 아니라는 겁니다. 자신의 아들이 "내가 아니다"라고 했는데 3학년 선배가 때리니 맞을 수밖에 없었다고 했답니다. 그러면서 정작 때린 학생이나 그 부모는 사과도 없고 연락도 없다고 하더군요. 아들이 사주한 상황이 아니라는 것도 알고, 아들이 사과 전화를 했다는 것도 알고 있었습니다. 저는 속으로 천만다행이라고 생각했습니다. 그 어머니는 "사건의 진실을 알고 있으니 걱정하지 말라"면서 제 아들이 연관되는 일은 없을 것이라고 했습니다.

전화를 끊고, 혹 가해학생의 부모가 우리처럼 개인정보보호 정책 때문에 피해학생 측의 연락처를 알 수 없어 연락을 못 하는 건 아닐까 하는 생각이 들었습니다. 그렇다면 피해학생의 어머니에게 그런 상황일 수 있겠다고 말씀을 드렸어야 하나 싶었습니다. 피해학생의 어머니도 학교에만 알리면 일이 제대로 처리되지 않을 것을 염려해 경찰에 신고한 것 같았습니다. 경찰에 신고하면 일이 어떻게 진행되는지 몰랐을 겁니다.

나중에 어떻게 됐는지 아들에게 물었더니 가해학생은 강제 전학을 갔는데, 그 외의 일은 자세히 모른다고 했습니다. 저는 그 정도로 해결된 것을 다행이라 생각했습니다.

엄마가 이해하지 못하는
아들의 행동

"중학교 교실이나 복도에 둔 물건은 멀쩡할 수가 없어요."

중학교 교사가 한 말입니다. 이 말에는 남학생들이 물건을 그냥 두지 않는다는 의미가 담겨 있습니다. 아들들의 심리를 분석한 책 《소년의 심리학》(마이클 거리언)의 목차 중에 '소녀는 관계를 파괴하고, 소년은 건물을 파괴한다'가 있는데 이 말은 아들과 딸의 차이점을 드러낸, 참으로 적절한 비유입니다.

아들들은 왜 공격적으로 행동할까요?

아들들은 부모가 보지 못한 곳에서 일어난 일들을 말하지 않습니다. 표현을 잘 못하기 때문인데, 표현을 하더라도 어휘력이 부족하고 감정을 전달하는 방법을 몰라서 오해의 소지가 있는 말을 아무렇지 않게 내뱉고 중요한 얘기는 생략하기도 합니다. 뭘 물어도 길게 대답하지 않습니다. 그리고 부모가 말을 길게 하면 싫어합니다. "그래서 뭐요? 어쩌라는 건데요"라면서 말하고자 하는 내용을 빨리 알려달라고 합니다. 다 들어보기도 전에 "알아서 할게요"라고 대답하는 일도 많습니다.

언어적 표현력이 부족하다 보니 어떤 감정이 생기면 몸이 앞섭니다. 화나 불쾌한 감정을 말로 설명하는 것을 귀찮아하기도 하지만, 순간 참지 못하는 거죠.

《소년의 심리학》에서는 '공격적 돌봄'이라는 성향이 남자아이들에게서만 나타난다고 말합니다. 공격적 돌봄은 남자아이가 또래나 자기보다 어린 남자아이들을 돌봐야 하는 상황에서 나타나는 태도인데, 다른 아이들을 놀리거나 공격적인 행동을 하면서 성숙해지는 것을 의미합니다. 이는 다른 이들의 눈엔 적대적으로 보일 수 있지만, 남자아이들 사이선 이유 있는 행동인 것이지요. 구체적으로 말하면, 돌봄의 대상이 되는 남자아이는 공격적인 놀이에 참여함으로써 남자아이들 사이에서 존중과 지위를 얻게 됩니다. 그리고 공격적 돌봄을 받은 아이는 신체적, 정신적, 정서적 약점을 이겨내고 진정한 힘을 획득하기 위해 자신을 밀어붙일 용기가 있는지 시험받습니다. 이 힘은 미래의 성공, 일, 삶의 목적, 인생에 대한 책임감의 토대가 됩니다.

또한 남자아이들은 서열을 중요하게 여깁니다. 그래서 누가 우위에 있는지 인정받기 위해 많은 사람 앞에서 허세를 부리기도 합니다. 올해 중학교에 입학한 한 여학생이 이런 말을 했습니다.

"남자애들은 이상해요. 허세가 쩔어요."

여자아이들 눈에 남자아이들의 허세는 부질없어 보이고 왜 그러는지 이해가 되지 않지요.

감정 연습으로 문제 해결의 힘을 키워주세요

아들들의 이런 본능은 인정해주되 그 본능을 올바른 방향으로 쓸 수 있게 이끌어주어야 합니다. 가장 좋은 방법은 감정을 말로 표현하도록 연습시키는 것입니다. 감정 표현이 연습되어 있지 않으면 자신조차 마음속에서 소용돌이치는 감정을 알아차리지 못합니다. 감정 표현 연습은 어렵지 않습니다. 어떤 상황에서 화가 나는지, 그럴 때 폭력 외의 방법으로 표현하려면 어떻게 하는 게 좋은지를 평소에 얘기 나누면 됩니다.

다른 사람은 아무렇지도 않은데 나만 유독 화가 나는 상황이 있습니다. 고등학교 남학생이 폭력으로 소년재판까지 받았습니다. 어떤 상황이었는지 물었더니 "분명히 그만하라고 했는데 계속 하더라고요. 몇 번은 참아요. 그러다 참지 못하는 순간이 와요"라고 하더군요. 많은 남자아이는 처음부터 폭력을 쓰지 않습니다. 우선 참습니다. 그러다 폭발합니다. 그럴 땐 참지 말고 미리 상대에게 말하는 게 좋습니다. "내가 지금 화가 나 있어. 네가 계속하면 내가 참을 수가 없어"라고 예지를 주는 것이지요.

물론 화가 나는 상황에서 이렇게 말하는 것이 쉬운 일은 아닙니다. 그래서 연습이 필요합니다. 화가 나는 상황이 언제인지, 그럴 때 어떻게 하면 될지를 부모와 얘기하고 실제 상황에서도 해보게 합니다. 그리고 실제로 해보니 어떤 효과가 있었는지, 실제로 하는 게 잘되는지 아닌지도 파악하고, 어떤 방법이 더 나을지 점검해봅니다. 물론 아이 스스로 찾아간다면 더할 나위 없겠지만, 어려워한다면 부모가 같이 해보면 좋겠습니다.

감정 표현을 어릴 때부터 연습하면 관계를 맺고 문제를 해결하는 힘을 키울 수 있습니다. 문제를 해결해본 경험은 값진 마음의 재산입니다. 그 경험을 통해 또 다른 문제를 해결할 수 있습니다. 문제를 미리 차단하고 없앨 수 없을 바엔 해결력을 키우는 것이 현명합니다.

2장

학교폭력,
이것만은
꼭 알아두자!

"감추려고, 덮어두려고만 들지 말고 함께 상처를 치료했다면 더 좋았을 텐데. 상처에 바람도 쐬어주고 햇볕도 받았다면 외할머니가 말한 나무의 옹이처럼 단단하게 아물었을 텐데."

- 《유진과 유진》(이금이) 중에서

아이들의 사소한 싸움은
학교폭력이 아니다?

- 장난이 학교폭력이 될 때 -

❝ 우리 아이는 힘들어서
학교에 가기 싫다고 하는데,
상대 아이는 장난이라고 하니 화가 나요. ❞

학교폭력은 장난과 폭력 사이를 왔다 갔다 하는 줄타기와 같습니다.

'폭력'이라는 단어 때문에 '학교폭력' 하면 신체적, 물리적 폭력을 가장 먼저 떠올리고, 많이 때리면 심각한 폭력이지만 장난으로 한 작은 싸움은 학교폭력이 아니라고 여기기도 합니다. 하지만 사소한 말장난에도 상대방은 심리적, 정신적으로 힘들 수 있음을 알아야 합니다. 상대방은 힘들다고 하는데 '장난'이라고 말하는 것은 상대방에겐 또 다른 폭력일 수 있습니다.

힘들어하는 사람이 있다면 폭력이에요

불과 몇 년 전과 비교해보면 학교폭력으로 신고되는 나이대가 점점 어려지고 있습니다. 초등학교 1, 2학년은 학교생활을 시작한 지 얼마 되지 않아서 투닥거리는 행동을 '장난'이라고 표현하지만, 3학년부터는 쉽게 '장난'이라고 치부하지 않습니다.

전국 학교폭력 실태 조사에 의하면, 가해학생이 표현한 학교폭력 가해 이유 중 1위가 '장난'입니다. 남학생들끼리 서로 툭툭 치고 헤드락을 거는 행동은 교사나 부모 눈에도 장난으로 보입니다. 그래서 장난을 당한 아이가 불만을 말하면 주변에 있던 학생들이 "너랑 친하게 지내려고 그러는 거야"라며 장난을 거는 아이를 대변하기도 합니다. 하지만 당하는 입장에서 힘들고 괴롭다면 그건 장난일 수 없습니다. 피해학생의 부모들은 "아이는 힘들다고 하는데 상대 아이는 장난이라고 하니 화가 나요"라고 호소합니다. 아무리 내가 좋아서 하는 행동이라도 상대가 원하지 않으면 하지 말아야 한다는 것을 평소 아이가 알아듣게 얘기해주어야 합니다.

정말 사소한 일도 학교폭력으로 신고되는 일이 참 많습니다. 사소한 싸움이 시간이 지나면서 큰 싸움으로 번지는 경우도 많고요. 큰 싸움이 되지 않으려면 처음 일이 생겼을 때 어떻게 대응하느냐가 아주 중요합니다. 학폭위에서도 마찬가지입니다. 초반에 가해학생 측에서 사과하고 잘못을 시인하면 피해학생 측에서 용서해줄 일인데 담임교사나 가해학생의 부모가 '장난이었다'고 반응하거나, 책임교사가 중립적이지 못한 말이나 행동을 하면 법정 싸움으로 커질 확률이 높습니다.

부모가 감정에 치우치면 내 아이에게 도움이 안 됩니다

우리 아이가 친구 때문에 힘들어하는데 학폭위를 열어야 하는지, 담임 교사에게 말하는 것으로 끝내도 되는 사안인지 판단이 서지 않을 때가 있습니다. 그럴 땐 당사자인 아이에게 어떻게 하길 원하는지를 물어봐야 합니다. 그런 뒤에 학폭위 이후의 상황을 예상해보고, 정말 어떻게 하는 것이 현명한 판단인지 신중하게 고민해야 합니다. 우리 아이가 괴롭힘 당한다는 생각에 감정에 치우쳐서 행동하면 해결되기가 어려워집니다. 무엇보다 상대 아이가 왜 우리 아이에게 그런 행동을 했는지도 확인해보면 좋겠습니다. 아이들은 남을 괴롭히면서 스트레스를 해소하기도 하고, 시기와 질투를 폭력이라는 모습으로 표현하기도 합니다.

종종 "우리 아이가 빌미를 제공했으니……" 하며 폭력을 당한 우리 아이에게서 원인을 찾는 부모도 있는데, 어떠한 이유에서건 폭력을 정당화해서는 안 됩니다. 하지만 우리 아이가 원인을 제공해 괴롭힘 등의 폭력을 당하고 있다고 생각한다면 아이의 대처 능력을 키워주어야 합니다. 친구들이 놀리거나 심하게 장난을 치면 하지 말라고, 싫다고 정확히 의사를 표현하도록 해야 합니다. 보통 괴롭힘과 놀림은 외모, 학습

부진 혹은 그 반대인 잘난 척 때문에 시작될 수 있습니다.

우리 사회는 약자에 대한 배려가 부족합니다. 아이들 사이에서도 마찬가지입니다. 아이들은 어른이 보여준 대로 배우고 행동하며, 결국 보고 배운 것들이 부메랑이 되어 돌아온 것이 학교폭력입니다. 학폭위도 다르지 않습니다. 그 진행 과정을 아이들이 지켜보고 있습니다. 부모가 나를 보호하고 위하면서 상대 아이까지 배려하는 모습을 보이면 감정에 치우치지 않고 현명하게 판단하는 방법을, 일을 올바르게 해결하는 방법을 배워갑니다. 그리고 '우리 부모님과 학교 선생님은 믿을 수 있는 분들이구나. 앞으로도 부모님과 선생님을 믿으면 되겠구나' 하는 마음이 생겨납니다. 자신에게 어려운 일이 생기면 어떻게 해야 할지도 알게 됩니다.

그러니 학폭위를 단순히 가해학생을 혼내주거나 처벌할 목적으로 열 생각이라면 다시 한 번 생각해봐야 합니다. 과연 학폭위를 통해 얻는 것은 무엇이며, 잃는 것은 무엇인지를 말입니다.

02

아이들 싸움은
아이들끼리 해결해야 한다?

- 어른이 개입해야 할 때 -

❝ 선생님도 아셔.
그리고 엄마가 말씀드리면 선생님이
그 아이한테 뭐라 할 거고,
그럼 일이 더 복잡해져.
그냥 내가 알아서 할게. ❞

아들이 초등학교 5학년 때 있었던 일입니다. 학기가 시작된 지 얼마 안된 때였는데, 망가진 립밤(입술 트는 것을 막는 화장품)을 들고 와서는 "엄마 이거랑 똑같은 거 사주세요"라고 했습니다. 같은 반 친구 건데 자기가 실수로 망가뜨려서 뚜껑이 안 열린다며 사줘야 한다고 했습니다. 알았다고 하고 인터넷으로 같은 제품을 찾아보니 몇만 원이나 하는 외국산 제품이었습니다. 부담은 됐지만, 주문을 하고 물었습니다.

"친구가 물어내라고 했어? 아니면 그 친구 엄마가 물어내래?"

그랬더니 아들이 울기 시작했습니다. 그러면서 그동안 그 친구 때문에 힘들었다고 했습니다.

"그 애는 우리 반 아이들을 괴롭히는 아이야. 나한테도 그랬고. 친하게 지내면 안 괴롭힐 것 같아서 친하게 지내왔는데 이번에 이런 일이 생겼어. 내가 얼마나 노력했는데……."

그동안 힘들었을 아이를 생각하니 마음이 아프면서 왜 엄마에게 말하지 않았을까 싶었습니다. 무엇보다 담임교사는 알아야 할 것 같아서 "선생님 찾아뵙고 말씀드려야겠다"고 하니 아들이 "선생님도 아셔. 그리고 엄마가 말씀드리면 선생님이 그 아이한테 뭐라 할 거고, 그럼 일이 더 복잡해져. 그냥 내가 알아서 할게"라며 말렸습니다.

아들에게 "힘들지 않겠어? 그 아이는 왜 같은 반 친구들을 괴롭히는 것 같아?"라고 물었습니다. 그러자 "집에서 엄마에게 많이 혼나는데 그 마음을 학교에 와서 친구들을 괴롭히는 것으로 푸는 것 같아"라고 했습니다. 그러면서 "그 친구가 안됐어"라고 했습니다. 아들이 훌쩍 커 보였습니다. 저는 안 열리는 립밤 뚜껑을 억지로 열고는 남은 양을 제가 쓸 생각으로 다른 용기에 덜어냈습니다. 그리고 "이거 좋다. 덕분에 좋은 거 쓰네" 하며 아들의 마음을 편하게 해줬습니다.

며칠 뒤에 학부모 상담이 있어 담임교사를 찾아갔습니다. 아들의 학교생활에 대해 얘기하다가 아들이 말한 반 친구에 대해 물었습니다. 다행히 담임교사는 그 아이의 그런 행동들을 알고 있었고 지켜보고 있다

고 했습니다. 저는 아들과 그 아이 사이에 있었던 일에 대해서는 어른
(교사와 부모)의 개입을 원치 않는다고 말했습니다. 담임교사가 현명한
분이라 저와 상담한 내용을 티 내지 않고 잘 지도했습니다. 이후 그 아
이도 반 친구들을 괴롭히지 않았습니다.

이럴 땐 부모나 교사가 개입해야 합니다

아이들 사이에서 벌어지는 괴롭힘이나 싸움은 잘 지켜봐야 합니다. 어
른들이 생각하듯 단순한 장난에서 오는 몸 부딪힘인지, 힘의 우위가 작
용해서 마음의 상처가 생길 정도의 폭력인지 구분해야 합니다. 예를 들
어, 남자아이들은 헤드락을 걸며 놀기도 합니다. 헤드락을 거는 아이와
당하는 아이가 서로 번갈아 한다든지, 하고 나서 서로 웃는다든지, 하기
싫을 땐 "하지 마" 하고 말하고 멈출 수 있으면 괜찮습니다. 하지만 일
방적으로 한 아이가 헤드락을 당하면서 싫어도 싫다고 말하지 못한다
면 그건 어른이 개입해야 하는 상황입니다.

　교사와 부모는 언제든 아이의 얘기를 들어줄 수 있어야 합니다. 그리
고 힘든 일, 괴로운 일이 없는지 잘 살펴야 합니다. "오늘 학교에서 어
땠어? 별일 없었어?"라고 물어보면 대답을 안 할 확률이 높으니 "엄마
가 오늘 이런 일이 있었어. 그래서 엄마 마음이 불편했어"처럼 부모가
먼저 얘기를 꺼내면 아이는 자연스럽게 "엄마, 나도 오늘 이런 일이 있

었는데……" 하고 말을 합니다. 이때 아이의 말만 듣고 판단해서는 곤란한 일이 생길 수 있습니다. 아이에게 무슨 일이 있다고 판단되면 담임교사에게 연락해서 어떻게 하는 것이 좋은지를 의논해야 합니다. 그래서 담임교사와의 교류가 중요합니다. 교실에서 벌어지는 일들을 누구보다 잘 아는 사람이기 때문입니다.

교사는 학부모의 도움 요청을 나 몰라라 하지 않지만, 자기 아이만 위하고 다른 아이들이나 교사를 힘들게 하는 학부모를 반기지 않습니다. 왜냐하면 교사는 모든 아이의 교사이기 때문입니다. 부모야 당연히 자기 아이가 우선이겠지만, 내 아이가 생활하는 학교엔 교사도 있고 다른 아이들도 있다는 사실을 어떤 상황에서든 인지해야 합니다.

아이의 사생활에서 어른이 개입해야 하는 상황과 시점을 판단하는 것은 쉽지 않지만 그 시기를 놓치면 그 이후의 일들이 생각보다 많이 힘들어집니다. 그러니 평소에 아이를 세심히 관찰하면서 대화를 꾸준히 하는 것이 중요합니다. 아이들은 부모와의 대화를 통해 어른에 대한 신뢰를 쌓고, 이해심을 넓히고 공감력을 키우면서 관계 맺기 기술을 익힙니다. 문제 상황에 대처하는 힘도 강해지고, 혼자 해결하지 못하는 일이 생기면 부모와 교사에게 도움을 요청할 줄도 알게 됩니다. 아이가 도와달라고 하면 그때 적극적으로 도와주면 됩니다.

학교폭력의 유형 ⊘

유형	예시 상황
신체 폭력	• 신체를 손이나 발로 때리는 등 고통을 가하는 행위(상해, 폭행) • 일정한 장소에서 쉽게 나오지 못하도록 하는 행위(감금) • 강제(폭행, 협박)로 일정한 장소로 데리고 가는 행위(약취) • 상대방을 속이거나 유혹해서 일정한 장소로 데리고 가는 행위(유인) • 장난을 빙자한 꼬집기, 때리기, 힘껏 밀치기 등 상대 학생이 폭력으로 인식하는 행위
언어 폭력	• 여러 사람 앞에서 상대방의 명예를 훼손하는 구체적인 말(성격, 능력, 배경 등)을 하거나 그런 내용의 글을 인터넷, SNS 등으로 퍼뜨리는 행위(명예훼손). 내용이 진실이어도 범죄이고, 허위인 경우에는 형법상 가중 처벌 대상이 됨. • 여러 사람 앞에서 모욕적인 용어(생김새에 대한 놀림, 병신, 바보 등 상대방을 비하하는 내용)를 지속적으로 말하거나 그런 내용의 글을 인터넷, SNS 등으로 퍼뜨리는 행위(모욕) • 신체 등에 해를 끼칠 듯한 언행("죽을래" 등)과 문자 메시지 등으로 겁을 주는 행위(협박)
금품 갈취 (공갈)	• 돌려줄 생각이 없으면서 돈을 요구하는 행위 • 옷, 문구류 등을 빌린다며 되돌려주지 않는 행위 • 일부러 물품을 망가뜨리는 행위 • 돈을 걷어오라고 하는 행위
강요	• 속칭 빵 셔틀, 와이파이 셔틀, 과제 대행, 게임 대행, 심부름 강요 등 하고 싶지 않은 행동을 강요하는 행위(강제적 심부름) • 폭행 또는 협박으로 상대방의 권리 행사를 방해하거나 하지 않아도 되는 일을 하게 하는 행위(강요)
따돌림	• 집단적으로 상대방을 의도적이고, 반복적으로 피하는 행위 • 싫어하는 말로 바보 취급 등 놀리기, 빈정거림, 면박 주기, 겁주는 행동, 골탕 먹이기, 비웃기 • 다른 학생들과 어울리지 못하도록 막는 행위

성폭력	• 폭행이나 협박을 통해 성행위를 강제하거나 유사 성행위, 성기에 이 물질을 삽입하는 등의 행위 • 상대방에게 폭행과 협박을 하면서 성적 모멸감을 느끼도록 신체적 접촉을 하는 행위 • 성적인 말과 행동을 함으로써 상대방이 성적 굴욕감, 수치감을 느끼 도록 하는 행위
사이버폭력	• 속칭 사이버모욕, 사이버명예훼손, 사이버성희롱, 사이버스토킹, 사 이버음란물 유통, 대화명 테러, 인증놀이, 게임부주 강요 등 정보통신 기기를 이용해 괴롭히는 행위 • 특정인에 대해 모욕적 언사나 욕설 등을 인터넷 게시판, 채팅, 카페 등에 올리는 행위. 특정인에 대한 저격 글이 한 형태임. • 특정인에 대한 허위 글이나 개인의 사생활에 관한 사실을 인터넷, SNS 등을 통해 불특정 다수에 공개하는 행위 • 성적 수치심을 주거나 위협과 조롱, 그림, 동영상 등을 정보통신망을 통해 유포하는 행위 • 공포심이나 불안감을 유발하는 문자, 음향, 영상 등을 휴대폰 등 정 보통신망을 통해 반복적으로 보내는 행위

(출처: 학교폭력 사안 처리 가이드북)

아이들은 싸우면서 크고,
커서는 나쁜 행동을 안 한다?

- 달라진 육아 환경과 살벌해진 학교폭력 -

**저, 성인인데요.
학교 다닐 때 있었던 일을
지금 신고할 수 있을까요?**

학교폭력 얘기를 하다 보면 대부분의 남자어른들은 "우리 땐 싸우면서 컸어. 서로 때리기도 하고 여러 명이 때리기도 했어"라고 말합니다. 예전엔 정말 그랬습니다. 친구와 싸우고 나서 다시 어울려 놀고, 집안 사정을 다 아는 한 동네 사람들이 못된 행동을 하는 아이들을 서로 혼내기도 하고 칭찬도 해가며 같이 키웠습니다. 요즘 말하는 '공동 육아'를 한 셈이지요. 하지만 지금은 그때와 다릅니다.

우선, 마을이라는 개념이 거의 사라졌습니다. 일부 지역에서나 자연스럽게 공동 육아가 이뤄질 뿐 대부분은 '우리 집' 육아를 합니다. 그렇다 보니 동네 어른이 아이의 잘못을 혼내기라도 하면 그 부모가 불같이 화를 내는 일도 많습니다.

그리고 아이들 사이의 싸움은 작게 시작돼 살벌하게 전개됩니다. 모양새를 보면 당하는 아이, 괴롭히는 아이가 정해져 있습니다. 피해학생은 싫다는 말도, 나를 괴롭히지 말라는 말도 하지 못합니다. 그러면 가해학생은 피해학생을 괴롭히는 강도를 점점 높입니다. 요즘 아이들 간의 싸움은 그냥 둔다고 해결되지 않습니다. 은밀히 이뤄질수록 부모나 교사가 개입하기도 쉽지 않습니다. 피해학생이 괴로움을 적극적으로 표현해야 심각성을 파악할 수 있기 때문입니다. 괴로움은 피해자가 느끼는 주관적인 고통입니다. 표현하지 않으면 알 길이 없습니다.

학창 시절에 당한 학교폭력의 고통은 쉽게 잊히지 않습니다.

"지나고 나면 괜찮을 줄 알았어요."

피해 당한 경험은 어른이 되어도 마음의 상처로 남아 그 시절을 떠올리는 것 자체도 힘이 듭니다. 아무것도 하지 못했던 학창 시절이 후회되어 어른이 된 지금이라도 신고하고 싶다는 사람이 많습니다. 실제로 <도란도란 학교폭력 예방 누리집>(doran.edunet.net)에는 학교폭력 신고에 대해 '1년 이상의 기간이 지났어도 신고가 가능하다'라고 규정되어 있습니다.

폭력 성향은 저절로 사라지지 않습니다

가해자의 폭력 성향은 가정환경, 성격 등 여러 가지 요인으로 나타날 수 있습니다. 물론 폭력 성향은 청소년 시기에 잠깐 나타났다가 사라질 수도, 어른이 되어 사라질 수도 있지만 적절한 조치가 필요한 것은 사실입니다. 환경적 요인이 바뀌지 않으면 극복하기가 더 어렵습니다. 폭력에 노출된 환경에서 자란 아이라면 더욱 그럴 것입니다. 성격적 요인이라면 심리 상담과 같은 치료를 통해 바뀌가야 합니다. 감정 조절에 신경 쓰거나 폭력이 아닌 말로 표현하도록 훈련을 해야 합니다.

《학교의 눈물》(SBS스페셜 제작팀)에 이런 글이 있습니다.

'우리는 소나기 학교에서 만난 아이들을 통해 폭력을 당해본 아이는 반드시 폭력적이 되고, 존중받아본 아이만이 남을 존중하게 된다는 사실을 알았습니다.'

이런 점을 감안해서 학교폭력은 결과만 가지고 판단하지 말고 사안마다 다르게 접근해야 합니다. 섣불리 학교폭력이 되고 안 되고를 결정해서도 안 됩니다. 양쪽 부모의 감정이 앞서면 학교폭력은 해결되기 어렵습니다. 어떤 상황에서도 피해학생에게 초점을 맞춰 그들의 고통과 상처를 알아주고, 원하는 바를 최우선으로 해결해주어야 합니다. 중요도를 따지자면 가해학생의 처벌은 그다음입니다.

피해학생이 가해학생의 처벌을 강력하게 원하는 경우도 있습니다. 그럴 때는 가해학생이 처벌을 받고 사과하고 반성할 아이인지, 아니면 처벌에 분노해 보복할 아이인지를 판단해서 어떤 처벌이 나은지를 생각해보면 좋겠습니다. 가해학생의 눈치를 보자는 것이 아니라, 사태를 정확히 파악하자는 얘기입니다. 가해학생이 이후에 어떤 행동을 하든, 피해학생이 가해학생의 처벌을 원한다면 아무것도 하지 못해 억울하거나 후회되지 않도록 방법을 찾는 것도 중요합니다.

가해학생을 판단할 때는 폭력적인 행동만 보지 말고 왜 그런 행동을 했는지를 확인해보면 좋겠습니다. 분명 그렇게 행동한 이유가 있을 것입니다. 자신이 한 행동이 상대방을 얼마나 힘들게 했는지를 모르는 경우도 많습니다. 그러기에 교사나 부모가 나서서 알려주어야 합니다.

학교폭력으로 피해받은 아이들이 성인이 되어서도 힘들어하는 것을 보면 학교폭력만큼은 그 시기에 제대로 처리해야 하는 일임을 절실히 느낍니다.

학교폭력은 도움을 줄 교사나 기관에 알려야 한다

- 학교폭력 신고를 하려면 이렇게 -

❝ 학교폭력 신고를 하려면 신청서를
작성해서 내야 하는 거예요? ❞

2012년 이전엔 학교폭력에 대한 인식이 부족했습니다. 2011년에 대구에서 학교폭력으로 한 학생이 자살을 하면서 사회적으로 반향을 일으켰고, 피해학생의 어머니가 쓴 《세상에서 가장 길었던 하루》(임지영)라는 책이 학교폭력의 심각성을 알리는 중요한 계기가 되었습니다. 이후로 학교폭력에 대한 실태 조사를 전국적으로 실시했습니다.

그러고 보니 우리 아들이 초등학교에 다닐 때 학교에서 설문조사를 했던 기억이 납니다. 조사 결과 초등학생 중에서 학교폭력을 당했다는 아이들이 53.6%였고, 저학년도 17.6%나 됐습니다. 가해학생의 58% 역시 초등학생 때 학교폭력을 경험했다고 답했습니다. 그럼에도 불구하고 57.5%가 아무에게도 알리지 않았습니다. 피해학생 대부분이 도움을 요청하지도 알리지도 않았다는 얘기입니다. 그 이유는 일이 커질 것 같아서(1위), 얘기해도 소용없을 것 같아서(2위), 보복당할 것 같아서(3위)였습니다.

학교폭력이 있으면 무엇보다 해결해줄 수 있는 사람이나 기관에 알리는 것이 중요합니다. 아래는 <도란도란 학교폭력 예방 누리집>에 실려 있는 학교폭력 신고 기관과 신고 방법입니다.

학교폭력을 신고할 수 있는 기관과 방법 ✅

신고 기관	신고 방법
117 학교폭력 신고상담센터	안전Dream 사이트(http://www.safe182.go.kr) 국번 없이 117 신고 상담 안전Dream 사이트 내 게시판 1:1 상담
인터넷 안전Dream	안전Dream 사이트(http://www.safe182.go.kr)에서 1:1 채팅 상담 핸드폰 모바일 신고 m.safe182.go.kr
교내 학교폭력 신고함 및 홈페이지	신고함, 학교 홈페이지, 비밀 게시판
담임교사 및 학교폭력 전담 기구	구두, 문자, 메일
경찰서	경찰서로 직접 신고

(출처: 도란도란 학교폭력 예방 누리집)

신고한 사실이 알려져서 보복을 당하거나 신고자가 누군지 알려지면 학교생활이 힘들어질까 봐 걱정하는 아이들이 많은데, 신고자는 비밀 보장이 된다는 사실을 아이에게 알려주어서 안심시켜야 합니다.

비밀 보장의 범위 ✅

1. 학교폭력 피해학생과 가해학생 본인 및 가족의 성명, 주민등록번호 및 주소 등 개인 정보에 관한 사항
2. 학교폭력 피해학생과 가해학생에 대한 심의·의결과 관련된 개인별 발언 내용
3. 그 밖에 외부로 누설될 경우 분쟁 당사자 간에 논란을 일으킬 우려가 있음이 명백한 사항

* 학교폭력 예방 및 대책에 관한 법률 제21조 제1항에 의해 비밀누설금지 의무를 위반한 사람은 1년 이하의 징역 또는 1,000만 원 이하의 벌금에 처해진다.

학교폭력 신고 시 첨부할 증거 자료들 ✅

- **서면 자료** : 육하원칙에 따라 작성한 피해 사실 진술서, 일관된 가해 사실이 작성된 일지, 메모, 목격자 진술서, 병원 진단서 등
- **사진 자료** : 피해를 증명할 수 있는 사진
- **사이버 자료** : 이메일, 채팅, 게시판, SNS 등
- **녹취 자료** : 음성 녹음, 동영상 등
- **휴대폰 자료** : 문자 메시지, 음성 메시지 등

신고할 때는 증거 자료를 첨부하면 도움이 됩니다. 사진이나 휴대폰 자료가 없더라도 서면 자료로 육하원칙에 의거해 작성한 피해 사실 진술서도 참고되니 증거가 없다고 해서 신고를 포기할 필요는 없습니다. 녹취를 할 경우 본인의 목소리가 들어간 녹취는 불법이 아닙니다.

이 방법들이 복잡하다면 학교 교사에게 전화하거나 직접 만나서 구두로 신고하는 것이 가장 간단합니다.

혹, 내 아이가 학교폭력의
가해자는 아니겠지?

- 가해학생의 징후 -

❝ 우리 아이는 착한 아이인데
친구를 잘못 만나서 그래요. **❞**

학교폭력 사례를 접하다 보면 자녀가 가해자라는 사실에 충격을 받는 부모들이 많습니다. 그러지 않길 바라지만, 혹시 내 아이가 가해자가 아닐까 우려된다면 가해학생의 징후를 미리 알고 평소에 잘 살펴보면 도움이 됩니다. 하지만 어느 한 가지의 징후만 보고 학교폭력 가해자라고 단정해서는 안 되고, 다양한 정황을 고려해야 합니다.

사실 학교폭력 가해자의 징후를 보이지 않아도 가해자일 수 있습니다. 우리 아들이 그랬습니다. 우리 아들은 세 번째 항목인 '친구 관계를

가해학생의 징후 ✅

1. 부모와 대화가 적고, 반항하거나 화를 잘 낸다.

2. 사주지 않은 고가의 물건을 가지고 다니며, 친구가 빌려준 것이라고 한다.

3. 친구 관계를 중요시하며, 밤늦게까지 친구들과 어울리느라 귀가 시간이 늦거나 불규칙하다.

4. 숨기는 게 많아진다.

5. 집에서 주는 용돈보다 씀씀이가 크다.

6. 다른 학생을 종종 때리거나, 동물을 괴롭히는 모습을 보인다.

7. 자신의 문제행동에 대해서 이유와 핑계가 많고, 과도하게 자존심이 강하다.

8. 성미가 급하고, 충동적이며 공격적이다.

(출처: 도란도란 학교폭력 예방 누리집)

중요시하며, 밤늦게까지 친구들과 어울리느라 귀가 시간이 늦거나 불규칙하다'만 해당됐습니다. 하지만 이는 가해자의 징후라기보다 그 나이대 아이들에게서 보이는 보통의 모습입니다. 그래서 가해자의 징후인지, 그냥 사춘기 아이의 모습인지 잘 관찰해야 합니다.

이 항목은 자녀 보호의 차원에서도 중요합니다. 왜냐하면 귀가 시간이 늦어지고 아이들과 어울리다 보면 예상하지 못한 일에 휘말리게 되고, 혼자서 할 수 없는 무모한 행동도 서슴없이 할 수 있기 때문입니다. 그 나이대 아이들의 특성상 무리에서 내쳐지지 않으려고 무모한 행동에 동참하는 경우도 많습니다. 어른들은 "왜 그 일에서 빠져나오지 못했느냐"며 답답해하지만 그 나이대의 아이들에게 친구라는 존재는 너무도 크고 중요해서 "난 못 해. 그렇게 하지 말자"라고 말을 하지 못합니다.

우리 아이가 가해자가 되지 않게 하려면

이런 상황을 미리 방지하려면 아이와 협의해 적정한 귀가 시간을 정해야 합니다. 그 시간은 가정마다 다를 것입니다. 아이의 하교 후의 일정도 감안해야 할 테니까 말입니다. 제 아들은 중학교 때 운동이 끝나면 9시가 좀 넘었습니다. 그래서 우리 아들의 귀가 시간은 10시였습니다. 예외인 날도 있었지만, 그보다 늦으면 전화로 그 이유를 알려왔습니다. 아이가 집 밖에 있을 땐 어디에서 뭘 하고 있는지는 부모가 꼭 알고 있어야 합니다.

부모 중에 이런 분들도 있습니다. "우리 아이는 착한데 친구를 잘못 만나서 그래요." 그리고 아이 앞에서 아이 친구를 험담하고 같이 어울리지 말라고 합니다. 하지만 부모의 이런 태도는 아이의 마음에 반항심을 키우고 부모와의 심리적 거리를 늘리는 요인이 됩니다. 아이들은 자기 친구를 험담하는 부모를 이해하지 못합니다. 친구는 부모보다 말이 잘 통하고 자기 얘기를 잘 들어주고 자신이 느끼는 감정을 이해해주는 존재이기 때문입니다. 설사 친구에게 문제가 있어서 부모가 험담을 해도

"엄마가 몰라서 그래요. 그 친구 착해요"라며 친구 편을 듭니다.

앞에서 소개한 가해학생의 징후는 겉으로 나타나는 행동의 특징입니다. 그런데 그런 행동의 이면에는 타인의 고통에 둔감해진 상처받은 마음이 숨어 있을지 모릅니다. 가해학생들이 하는 말이 있습니다.

"그냥 장난이었어요. 걔가 그렇게 괴로워하는지 몰랐어요."

이 말은 사실입니다. 많은 아이가 아직 자신의 말과 행동을 상대방이 어떻게 받아들이는지 모릅니다.

'사람에게는 자기가 받은 대로 남을 대하려는 심리가 있다. 남에게 상처 주는 사람은 그만큼 누군가에게 상처받은 사람이다. 자신의 고통에 둔감하기에 남의 고통이 눈에 들어오지 않는 것이다.'

《반성의 역설》(오카모토 시게키)에 나오는 글입니다. 만약 자녀가 가해자의 징후를 보인다면 우리 아이의 마음속에 누군가에게 받은 상처가 있지는 않은지 살펴봐야 합니다. 또한 부모인 내가 아이를 대하는 태도도 점검해보시기 바랍니다.

내 아이가 피해자가 되는 것도 부모로선 힘든 일이지만 가해자가 되는 것 역시 힘든 일입니다. 그러니 평소에 아이와 소통하는 것을 최우선으로 여기고 관심 있게 지켜보면서 예방에 힘써야 합니다.

내 아이가 가해자라면
이렇게 하자

- 가해자 부모가 중요하게 여겨야 할 것 -

> 아이고, 됐어요, 됐어. 알아서 하세요.
> 그거 내 새끼도 아닙니다.

"그 아이가 원래 그런 아이였대요", "누가 그 아이와 어울리겠어요?", "그 아이가 허위 사실을 만들었어요", "그 아이도 잘못한 거 많아요"…… 가해학생들의 부모들이 많이 하는 말입니다. 우리 아이의 잘못보다 상대 아이의 잘못을 부각시키면서 원인이 상대 아이에게 있다고 말합니다. 심지어 학폭위가 열리는 자리에서도 우리 아이의 잘못을 인정하기보다 상대 아이의 잘못을 들춰내며 공격합니다.

전국 학교폭력 실태 조사에 의하면 학교폭력 가해 이유 2위가 '상대방이 잘못해서'입니다. 하지만 어떤 이유로든 맞거나 괴롭힘을 당해도 된다는 것은 잘못된 생각입니다. 상대방이 잘못했다고 해서, 행동이 마음에 들지 않는다고 해서 때리고 괴롭혔다는 건 이유가 되지 않습니다.

가해자 부모가 해야 할 일, 해서는 안 되는 일

내 아이가 가해자라면 사건을 알게 된 후에 바로 피해학생 측에 진심 어린 사과를 해야 합니다. 이 시기를 놓치면 피해학생 측이 받아들이지 않을 수 있습니다.

내 아이가 가해자라면? ⊘

Do 해야 할 일	Don't 해서는 안 되는 일
가해 사실을 확인하세요 • 아이와 친구, 교사에게 정확한 경위를 확인합니다.	**부인하지 마세요** • 가해 사실을 부인하는 것은 또 다른 가해 행위입니다.
잘못을 인정하세요 • 아이의 잘못과 부모의 책임을 인정합니다.	**피해학생을 탓하지 마세요** • 피해학생에게서 폭력의 원인을 찾지 마세요.
진심으로 사과하세요 • 아이와 함께 피해학생에게 사과하고 회복을 지원합니다.	**정당화하지 마세요** • 애들은 싸우면서 큰다며 폭력을 정당화하지 마세요.
다시 기회를 주세요 • 전문가 상담, 봉사활동 등을 통해 아이에게 성장의 기회를 제공합니다.	**회피하지 마세요** • 불안, 걱정, 두려움으로 책임을 회피할 순 없습니다.
	포기하지 마세요 • 부모가 자포자기하면 최악의 상황으로 이어집니다.

"기다렸어요. 그런데 며칠이 지나도 사과 한마디 없었어요."

기다림이 서운함이 되고, 서운함이 분노로 바뀌기 전에 가해학생의 부모는 학폭위에서 아이의 잘못을 인정하고, 다시는 그런 일이 없도록 잘 지도하겠다는 신뢰를 주는 것이 무엇보다 중요합니다. 왜냐하면 가해학생에 대한 조치를 결정할 때 폭력의 심각성, 지속성, 고의성을 기준으로 삼고 여기에 가해학생의 반성과 화해의 정도가 반영되기 때문입니다. 상대 아이를 비난하면서 우리 아이의 잘못을 인정하지 않으면 자칫 반성하지 않는 것으로 비쳐질 수 있습니다. 그러니 우리 아이의 잘못을 인정하고 사실이 아닌 내용은 명확히 바로잡는 것이 낫습니다. 아이가 자신의 잘못을 인지하지 못할 경우에는 아이의 잘못과 부모의 책임을 인정하고, 문제를 해결해나가기 위해 함께 노력해야 합니다.

《학교의 눈물》에 실린 한국청소년상담복지개발원 구본용 원장의 말은 가해학생의 부모에게 가장 중요한 게 무엇인지를 알려줍니다.

"가장 위험한 건 학교 선생님이나 상담사보다 부모가 먼저 아이를 포기하는 겁니다. 전화를 드리면 '아이고, 됐어요, 됐어. 알아서 하세요. 그거 내 새끼도 아닙니다'라고 말하는 부모도 있는데, 여러분은 끝까지 포기하지 않으셔야 됩니다. 아이를 키우는 건 절대로 져서는 안 되는 사랑의 전쟁입니다."

혹, 내 아이가 학교폭력의
피해자는 아니겠지?

- 피해학생의 징후 -

앞으로 그런 일이 또 있으면
걔한테 '하지 말라'고 말해.

많은 부모는 아이를 유치원, 학교 등 교육기관에 보내면서 내 아이가 친구들과 잘 지내기를 바랍니다. 혹여 친구들과 잘 어울리지 못하면 어쩌나 걱정도 합니다. 교육기관에서의 생활은 아이들이 감당해야 할 몫이기에 대신 해줄 수도 없습니다. 그래서 걱정되는 만큼 평소에 아이를 관심 있게 지켜봐야 합니다.

그런 일이 생기지 않길 바라지만, 만약 내 아이가 학교폭력의 피해를 입고 있다면 피해학생의 징후만 살펴도 금세 알아챌 수 있습니다. 이때 어느 한 가지 항목만 보고 학교폭력 피해자라고 단정해서는 안 되며, 다양한 정황을 고려해야 합니다.

우리 아이가 피해자라면

무엇보다 중요한 것은 아이와 대화할 수 있는 집안 분위기를 유지하는 것입니다. 자녀의 친구들의 이름과 연락처는 알아두고, 학교생활에 관심을 가지고 또래 관계에 문제가 없는지 자연스럽게 물어봅니다. 한 번 피해자가 되면 학년이 올라가서도 피해자가 되는 경우가 있습니다. 그러니 아이들은 싸우면서 크고 자기 문제는 스스로 해결해야 한다고 생각해 그냥 두지 말고, 부모로서 개입해야 할 때는 적극적으로 개입해야 합니다.

어느 부모는 자녀가 친구에게 괴롭힘을 당한다는 말을 듣고 교사에게 장문의 편지를 쓰고 통화도 했다고 합니다. 그리곤 하교 시간에 맞춰 학교 교문 앞에서 기다렸다가 자기 아이를 괴롭히는 아이가 보이자 말을 걸었습니다. "네가 승철이니? 난 병헌이 엄마야. 병헌이한테 네 얘기 많이 들었단다. 앞으로 사이좋게 지내렴." 그 이후로 괴롭힘은 없었습니다. 물론 교사도 따끔하게 혼냈습니다. 그후에 또 다른 아이에게 괴롭힘을 당한다고 말을 들었을 땐 "다시 그런 일이 있으면 걔한테 '하지 말라'고 말해"라고 구체적인 방법을 제시했습니다.

피해학생의 징후 ✅

1. 성적이 급격히 떨어졌다.

2. 일부러 늦잠을 자거나, 학원이나 학교에 무단결석을 한다.

3. 갑자기 학교에 가기 싫어하고, 학교를 그만두거나 전학을 가고 싶어한다.

4. 학용품이나 교과서가 자주 없어지거나 망가져 있다.

5. 교복이 더럽혀져 있거나 찢겨 있는 경우가 많다.

6. 등교나 하교 시에 엉뚱한 교통 노선을 이용해서 시간이 많이 소요된다.

7. 괴롭힘에 의한 다른 아이들의 피해에 대해 자주 말한다.

8. 문자를 하거나 메신저를 할 친구가 없다.

9. 친구 생일 파티에 초대를 받는 일이 드물다.

10. 친구의 전화를 받고 갑자기 외출하는 경우가 많다.

11. 자신이 아끼는 물건을 자주 친구에게 빌려주었다고 한다.

12. 몸에 상처나 멍 자국이 있고 머리나 배 등이 자주 아프다고 호소한다.

13. 집에 돌아오면 피곤한 듯 주저앉거나 누워 있다.

14. 작은 일에도 깜짝깜짝 놀라고 신경질적으로 반응한다.

15. 몸을 움직이는 일을 하지 않으려 하고, 혼자 방에 있기를 좋아한다.

16. 학교에서 돌아와 배고프다며 폭식을 한다.

17. 초조한 기색을 보이며, 부모와 눈을 마주치지 않고 피한다.

18. 갑자기 격투기나 태권도 학원에 보내달라고 한다.

19. 쉬는 날에는 집에서 컴퓨터 게임에 몰두하는 등 게임을 과도하게 한다.

20. 전보다 자주 용돈을 달라고 하며, 때로는 부모 돈을 훔친다.

21. 복수나 살인, 칼이나 총에 관심을 보인다.

22. 전보다 화를 자주 내고, 눈물을 자주 보인다.

23. 불안한 기색으로 정보통신 기기를 자주 확인한다.

24. 휴대폰 사용 요금이 지나치게 많이 나온다.

25. 문자 메시지나 메신저를 본 후에 당황하거나 괴로워한다.

26. 부모가 자신의 정보통신 기기를 만지거나 보는 것을 극도로 싫어하고 민감하게 반응한다.

27. SNS의 상태 글귀나 사진 분위기가 갑자기 우울하거나 부정적으로 바뀐다.

28. 컴퓨터 혹은 정보통신 기기를 사용하는 시간이 지나치게 많다.

하지만 상대 아이를 찾아가 위협을 하거나 겁을 주면 상대 부모에게 아동학대로 신고당할 수 있으니 신중해야 합니다. 교사에게 부탁할 것은 부탁하고, 아이에게 대처하는 방법을 제시하고, 부모로서 나서야 할 부분은 무엇인지 알고 있어야 합니다. 왜냐하면 시기를 놓치면 생각지도 못하게 일이 커질 수 있기 때문입니다.

08

내 아이가 피해자라면
이렇게 하자

- 피해자 부모가 중요하게 여겨야 할 것 -

❝ 뭘 해도 안 될 것 같아요.
하고 싶지도 않고요.
그깟 학교, 그냥 그만두면 좋겠어요. ❞

지인으로부터 메신저 메시지가 왔습니다.

'혹시 지금 통화되시나요? 아니면 통화될 때 연락주세요.'

통화된다고 하니 바로 전화가 왔습니다. 중학교 1학년 딸아이가 학교
에 안 간 지 좀 됐다면서 어떡하면 좋겠느냐고 물었습니다. 왕따는 아
닌데 몇 명의 아이들이 은근히 따돌리고, 그런 일이 계속되니 괴로워서
학교는 아침 등교만 하고 돌아온다고 했습니다. 전화한 엄마는, 교사가
어떠한 해결도 해주지 않아 더 이상 학교를 믿을 수 없다면서 학교를

그만두게 하거나 전학을 시키고 싶다고 했습니다. 학교가 작아 학년당 반이 3개뿐인데, 진학을 해도 그 아이들과 계속 부딪힐 수밖에 없어 걱정이 크다고 했습니다. 그래서 제가 물었습니다.

"딸내미는 어떻게 하고 싶어하는데요?"

"딸은 학교를 가고 싶어해요."

"그럼 학교를 보내야겠네요. 엄마가 보내고 싶지 않다고 해도 본인이 가고 싶다고 하니. 그리고 전학을 가거나 학교를 그만두는 것이 답이 될 수는 없어요. 피해자가 괴로워서 전학 가는 경우가 있는데 결국 왜 전학을 왔는지 주변 아이들이 알게 돼요. 그러면 같은 일이 되풀이될 수도 있어요. 학교를 그만둔다고 해도 같은 지역이면 오가다 만나는 일이 생기고, 요즘은 SNS를 통해 소문이 금방 퍼지기 때문에 사이버폭력에 노출될 수도 있어요."

"그럼 어떡해요? 학폭위를 열고 싶진 않아요. 그걸 연다고 갈등이 해결되는 건 아니잖아요. 그 아이들이 제 딸을 만만하게 본 것 같아요."

"맞아요. 학폭위를 여는 게 정답은 아니에요. 학폭위 말고 화해조정위원회 제도도 있어요. 학교 교사가 양쪽 부모의 동의하에 신청해서 진행하는 거예요."

"상대 학생 부모들이 할까요? 부모마다 생각이 다 다르더라고요."

"학폭위를 열지 않고 아이들의 원만한 관계를 회복하기 위해서라는 취지를 교사가 상대 아이 측에 충분히 전달해야겠죠."

"전 회의적이에요. 뭘 해도 안 될 것 같아요. 하고 싶지도 않고요. 그냥 그깟 학교 그만두면 좋겠는데……."

"딸이 학교를 가고 싶다는 게 중요해요. 그리고 뭘 하든 나아지지 않을 수도 있어요. 하지만 그 과정을 딸이 옆에서 지켜보고 있잖아요. 엄마가 노력하는 모습, 교사가 뭔가 해결하려는 모습을 보면서 딸은 어른에 대한 신뢰, 학교에 대한 신뢰를 가지게 돼요. 그리고 딸에게 감정을 말로 표현하는 방법을 알려주세요. 자기를 괴롭히는 친구들에게 '너희가 그렇게 행동하면 난 기분이 나빠. 그렇게 하지 말았으면 좋겠어'라고 말하도록요. 상대 아이들은 '힘들어하는 줄 몰랐어' 할 수 있거든요. 아이가 친구들을 상대하는 힘을 키울 필요도 있어요."

하지만 지인은 계속 근본적인 해결책이 없다며 답답해했습니다. 전화 통화 말미에 "1학년을 마치고 2학년이 되면 아이들이 좀 커서 나아질 수도 있어요. 그러니 방학 동안 딸의 내적 힘을 키우고, 2학년이 될 때 학교에 다른 반으로 배정해줄 것과 그 아이들도 흩어지게 반 배정을 해달라고 건의해보세요"라고 조언을 했습니다. 그리고 2학년 동안 지켜보라고, 그래도 변화가 없으면 그때 학폭위든 화해조정이든 하면 어떻겠느냐고 했습니다. 대신 지금까지 있었던 일들을 기록해놓으라고 말했습니다. 이런 개인적인 기록도 충분히 근거 자료가 되기 때문입니다. 그리고 절대 상대 부모와 감정적으로 대립하지 말라고 했습니다. 그건 문제 해결에 절대 도움이 되지 않으니까요.

피해학생들의 부모들은 제 지인처럼 상황을 피하려는 경우가 많습니다. 해결하자니 복잡하고, 그냥 있을 수는 없으니 피하는 방법을 선택하는 것입니다. 부모이기에 적극적으로 뭔가를 해야 하는데, 그러다 오히려 해서는 안 되는 일을 하게 됩니다.

피해학생의 경우 위축되어 있거나 상황을 과대 해석하는 경향이 있으니 올바른 대처를 통해 자녀를 학교폭력으로부터 지켜주세요.

내 아이가 피해자라면? ✅

Do 해야 할 일	Don't 해서는 안 되는 일
아이를 응원해주세요 • '네가 잘못한 게 아니야'라며 아이를 지지해주세요.	**아이를 탓하지 마세요** • 학교폭력은 자녀 때문에 생긴 일이 아닙니다.
도움을 요청하세요 • 먼저 담임교사에게 학교폭력 사실을 알리세요.	**부끄러워하지 마세요** • 피해 사실을 축소하거나 숨기지 마세요.
증거를 확보하세요 • 문자 메시지, 이메일, 상해 진단서 등을 확보하세요.	**힘든 내색을 하지 마세요** • 부모가 절망하면 아이는 더 움츠러듭니다.
보호해주세요 • 교문 앞에서 아이를 기다려주세요.	**가해학생에게 보복하지 마세요** • 보복한다고 해서 아이의 상처가 치료되지 않습니다. **도피하지 마세요** • 문제 회피, 침묵, 전학, 이사는 해결책이 아닙니다.

09

내 아이가 목격자라면
신고하라고 해야 할까?

- 목격자 아이를 위해 어른들이 해야 할 일-

**❝학교폭력 장면을 봤는데 신고하지
않으면 방관자로 처벌받아요?❞**

내 아이가 학교폭력을 목격했다면 어떻게 하라고 할 건가요? 부모로서
고민이 될 겁니다. 아이도 '내가 본 것을 알려야 할까, 그냥 모른 체할
까' 망설입니다.

만약 그런 일이 있다면 자녀에게 "목격자는 '비밀 보장'이 되니 걱정
하지 말라"고 안심을 시키고 "다른 친구들에게는 네가 본 것을 말하지
말라"고 얘기해주어야 합니다. 아이가 직접 본 것을 다른 친구에게 얘
기하면 아이들 사이에 목격자가 누구인지, 신고한 사람이 누구인지 알

려질 수 있습니다. 그러니 내 아이가 학교폭력을 목격했다면 가장 먼저 부모가 학교 교사에게 전화로 알린 뒤 신고한 사실을 비밀로 해달라고 부탁하는 것이 가장 좋습니다.

목격한 아이의 불안감을 이해하고 달래주세요

학교폭력을 목격한 아이들이 가장 많이 느끼는 감정은 '똑 부러지게 대처하지 못한 내가 답답하다'입니다. 학교폭력은 대부분 힘의 우위를 기반으로 벌어지는 상황입니다. 그렇기에 목격한 아이들조차 신고해야겠다는 생각에 앞서 두려워하고 겁을 냅니다.

저와 수업하는 학생이 어느 날 "알면서도 신고하지 않으면 처벌받아요?" 하고 물었습니다. 왜 그러느냐고 했더니 학교에서 반 아이들이 그렇게 얘기했다면서 "목격만 한 건데, 겁나서 신고를 못 할 수도 있는 거 아니에요?" 하고 되물어왔습니다. 학교폭력을 목격하고도 신고하지 않는 이유는 '보복이 두려워서'입니다. 당사자도 아닌데 나섰다가 오히려 힘들어질 수 있기 때문에 망설이는 것입니다. 가해자의 보복도 두렵지만, 다른 아이들이 고자질했다고 비난하거나 왕따를 시킬까 봐 걱정합니다. 신고자가 알려졌을 때 아이들 사이에 어떤 일이 벌어질지는 알 수 없습니다.

목격자로서 학교폭력을 신고하면 교사가 진술서 작성을 위해 아이를 따로 부를 겁니다. 그럴 때는 다른 아이들이 눈치 채지 못하게 교사가 지혜롭게 행동해야 합니다. 교사가 아이에게 "도움이 필요하니 좀 도와 달라"고 부탁하며 부를 수도 있겠습니다.

부모 역시 친한 학부모에게 말해서 소문나는 일이 없도록 조심해야 합니다. 좋지 않은 일에 대한 소문은 더 빨리 그리고 더 멀리 퍼진다는 사실을 잘 아실 겁니다. 또한 말은 옮겨질 때마다 더 부풀려집니다.

그럼 목격한 내 아이를 위해 부모로서 해야 할 일은 무엇일까요?

가장 먼저 '너의 용기 있는 행동이 피해학생에겐 정말 중요한 도움이 될 것이고, 일이 더 커지기 전에 막은 것'이라는 칭찬을 해주어야 합니다. 그다음엔 교사와 협력해 아이를 보호해야 합니다. 이후 학교생활과 친구 관계에서 문제가 생기지는 않는지 관심을 가지고 지켜보고, 만에 하나 내 아이가 목격자로 신고한 사실이 알려지더라도 정당한 행동이었다는 점을 내 아이와 다른 아이도 인식할 수 있게 미리 조치해두어야 합니다. 교사에게도 부탁해야 합니다. 교사가 말을 어떻게 하느냐에 따라 아이들의 태도가 달라지기 때문입니다.

10

학교폭력 앞에선
어떤 부모든 힘들다

- 이성적으로 행동해야 하는 이유 -

그동안 난 누구를 위해,
무엇을 위해 이렇게까지 했나?

저는 현재 푸른나무재단(청예단)에서 전화 상담 일을 합니다. 학교폭력 상담 전화가 많은 편인데, 전화 상담을 하며 공통점을 하나 발견했습니다. 그것은 가해학생의 부모든 피해학생의 부모든 모두 힘들어한다는 것입니다.

'가해학생의 부모가 뭐가 힘들어?'라고 생각할 수 있지만, 그렇지 않습니다. 나의 문제가 아니라 내 아이의 문제이기에 이성적으로 판단하기보다는 지극히 본능적으로 생각합니다. 내 아이를 보호하고자 하는 욕구가 발현되면서 어떻게든 학폭위가 열리지 않고 처분도 가볍게 받게 하려고 애를 씁니다. 그래서 피해학생의 문제를 부각시키고, 피해학생이 원인 제공을 했으니 내 아이만의 잘못은 아니라는 주장도 합니다. 피해학생 부모의 심정은 말할 필요도 없습니다. 내 아이가 고통의 날들을 보냈는데 무슨 말이 더 필요하겠습니까.

그런데 정작 아이들은 쉽게 화해하고 금세 잊습니다. 부모가 느끼는 감정과는 별개로, 나중엔 그런 일이 있었는지조차 기억하지 못하는 일이 흔합니다. 부모에겐 그 일이 트라우마로 남지만요.

아이들은 금방 잊지만 어른들은 마음에 새깁니다

초등학교 2학년 은희가 운동장에서 공을 굴리고 성은이는 그 공을 발로 받아 차며 놀고 있었습니다. 그러다가 성은이가 공을 차면서 은희의 손도 함께 차고 말았습니다. 이후 은희의 어머니는 은희를 병원에 데리고 가서 진료를 받았고, 성은이의 어머니는 진료비를 지불했습니다. 그런데 이후에 은희의 어머니가 "지금은 성장판을 다치지 않았지만 혹시 모르니 성장판에 도움이 될 약을 먹여야 한다"면서 "고의로 찼다"는 등 확인되지 않은 얘기까지 했습니다. 그 얘기를 들은 성은이의 어머니는 화가 났지만 결국 비싼 약값을 지불했다고 합니다. 미성년자의 금전적 배상 문제는 부모의 몫이다 보니 어쩔 수 없었지요.

그런데 정작 은희와 성은이는 엄마들 사이에서 그런 일이 있는지도 모르고 사이좋게 잘 지냈습니다. 성은이에게 그때의 일에 대해 물어봤습니다.

"그때 그런 일 있었지? 기억나?"

"네. 그런 일 있었던 것 같아요. 그런데 정확히는 모르겠어요."

"그 친구와는 어떻게 지냈어?"

"음……. 그냥 잘 지냈는데요."

또 다른 두 명의 초등학생이 있습니다. 그 둘은 친구 사이로, 어떤 일을 계기로 서로 피해자, 가해자가 되었고 학폭위 처분이 내려졌습니다. 가해학생의 처분이 약하다고 여긴 피해학생의 부모는 재심을 요청했고, 그러다 쌍방 고소를 하게 되어 결국 민사소송까지 갔습니다. 그런데 어느 날 피해자인 아이가 가해자 아이의 집으로 전화를 해서는 같이 놀자고 했답니다.

"아빠, 동혁이가 같이 놀자고 하는데 같이 놀아도 돼?"

아이의 말을 듣는 순간 그 아빠는 '그동안 난 누구를 위해, 무엇을 위해 그렇게까지 했나' 하는 생각에 당황했고 혼란스러웠다고 합니다. 그러다 결국 "그래. 놀아"라고 대답했답니다. 부모는 서로 법적 대응까지 갔지만 아이들은 그 과정을 전혀 알지 못합니다. 그저 친구일 뿐입니다.

두 사례처럼 부모라서 힘들지만 겪어내야 하는 과정과 상황이 있습니다. 가해자, 피해자로 나뉘면 내 아이를 대신해서 처리해야 하는 일들이 생각보다 많습니다. 사건이 크건 작건 마찬가지입니다. 부모마다 성향이 다르고, 표현하는 방식도 해결하는 방법도 다 다릅니다. 상대에게 받는 스트레스의 강도도 다릅니다. 이건 당사자인 아이들도 마찬가지입니다. 하지만 아이들은 관계가 회복되면 잘 지낼 수 있습니다. 부모들이 관계를 되돌리기 힘든 것과는 다르지요. 금전적 배상을 하고 나면 사건은 끝날 수 있지만, 부모의 머릿속엔 돌이키고 싶지 않은 기억으로 남게 됩니다.

자녀의 나이가 많을수록 법적 절차가 복잡해지고 사건도 심각하게 받아들여집니다. 부모가 겪어야 할 것들은 더 많아지고 생각지도 못한 고통을 받을 수도 있습니다. 부모도 연약한 존재라 처음 겪는 일엔 당황하고 피하고만 싶어집니다. 하지만 부모가 감정을 앞세우면 일을 더 어렵고 크게 만든다는 사실을 잊지 말아야 합니다. 무엇보다 학교폭력은 사건이 발생하기 전에 막는 것이 아이뿐만 아니라 부모를 위해서도 중요합니다.

11

학교폭력은
서툰 관계에서 시작된다

- 관계 문제를 바라보는 올바른 태도 -

❝ 쳐다봤다고, 축구에서 졌다고
반 남학생 전체를 대상으로
학교폭력 신고를 했어요. ❞

학교폭력 하면 대부분 청소년기 아이들, 특히 중학생을 떠올립니다. 하지만 초등학교 1학년과 2학년 학부모님들의 상담 전화가 꽤 많습니다. 학교폭력 피해 응답률이 초등학생 65%, 중학생 18%, 고등학생 14%라는 교육부 통계가 수긍될 정도입니다. 사안을 들어보면 아이들의 문제보다 부모 자신이 어떻게 해야 하는지 잘 모르는 경우가 많습니다.

초등학교 저학년의 경우는 아이가 학교생활에 적응을 잘 못하거나 또래와 관계 맺기를 힘들어하는 것에서 학교폭력이 시작됩니다. 사실이 시기에는 아이도 학교생활이 처음이고 부모 역시 학부모가 처음이라 적응할 시간이 필요합니다. 그래서 한편에선 이제 초등학교 1학년, 2학년밖에 안 된 아이들이 학교폭력으로 피해자와 가해자로 낙인찍힐 경우 학교생활이 계속 힘들어질 수도 있다며 걱정하는 소리도 높습니다. 맞는 말입니다. 그렇기에 학년이 어릴수록 아이의 말만 듣고 학폭위에 신고하기보다는 먼저 그 상황에 대해 알아봐야 합니다. 상대 아이와 그 부모, 교사 등을 통해 혹시 우리 아이가 상황을 오해하고 있거나 잘못 알고 있는 것은 없는지도 확인해야 합니다. 초등학교 1학년, 2학년 아이들 사이에서 벌어지는 일은 주변 어른들이 어떻게 대처하느냐에 따라 이후의 상황이 다르게 전개됩니다.

내 아이에게 도움이 되는 부모의 태도

무엇보다 아이들끼리 잘 지내고 아무 문제가 없다면 어른은 개입을 최대한 자제하는 게 좋습니다. 아이들은 갈등 상황에서 문제 해결력을 키워갑니다. 스스로 경험한 부정적인 감정과 갈등도 결국 어떻게 받아들이느냐에 따라 약이 될 수 있습니다. 부모가 모든 문제 상황을 처리해줄 수 없으며, 그래서도 안 됩니다. 그것은 몸만 컸지 정신이 미숙한 어른으로 만드는 길입니다. 초등학교 저학년들은 모든 면에서 미숙할 수밖에 없습니다. 아직 어리기만 한 아이를 지키고 도와주고 싶다면 성숙한 어른으로서 든든한 버팀목이 되어주십시오.

그러려면 부모가 몸도 마음도 건강해야 합니다. 특히 나 자신부터 다독이고 격려해주고 인정해주십시오. 자라면서 인정받지 못했던 나, 자신감 없던 나를 '이만하면 잘살았다. 앞으로도 잘해낼 거야' 하면서 다독여주면 좋겠습니다. 부모의 마음이 건강해야 아이에게 문제가 생겼을 때 객관적으로 볼 수 있습니다. 아이의 문제에 나를 투영하는 순간 일은 더 복잡해집니다.

부모는 아이의 학년에 맞춰 성장한다는 말이 있습니다. 눈높이가 아이에게 맞춰져 있으니 당연합니다. 하지만 부모는 한 발자국 뒤로 물러나 전체를 볼 줄 알아야 합니다. 항상 지금이 끝이 아님을 생각하며 불안해하거나 조급해하지 말아야 합니다. 아이는 한 해 한 해 성장할 것이고, 언젠가는 더 이상 부모의 도움을 필요로 하지 않는 시기도 옵니다. '지금'은 생각보다 빨리 지나갑니다. 이 시기에 우리 아이에게 정말 중요한 것이 무엇인지를 생각해보면 더 명확해질 것입니다.

아이들 사이에서 친구 때문에 생기는 문제가 늘어나는 이유는 온라인, SNS 기반의 관계에 더 몰두하기 때문입니다. 그 영향으로 얼굴을 맞대고 지내는 상황을 어려워하고 온라인 관계에 빠져드는 악순환이 반복됩니다. 대표적인 사례가 아이들 사이에서 유행인 '개인봇'입니다. '한 사람을 위한 봇'이라는 의미로, 줄여서 '갠봇'이라고 합니다. 한 번도 만난 적 없는 대상으로부터 자신이 듣고 싶거나 지지받고 싶은 것들을 글로 받고 그 대가로 기프트콘이나 카톡 선물을 보내줍니다. 그런데 갠봇을 더 이상 못 하겠다며 차단해버리면 그동안 의지했던 아이는 '멘탈이 붕괴'되고 심리적 내상까지 입는다고 합니다.

사람과의 관계가 항상 좋을 수만은 없습니다. 갈등 상황은 누구에게나 생깁니다. 갈등을 해결하면 관계도 회복된다는 사실을 깨닫기까지 여러 번의 시행착오를 거치는 건 당연합니다. 이것은 어른인 부모도 마찬가지입니다. 내 아이와 다른 아이의 관계, 교사와의 관계, 부모들과의 관계까지 처음이기에 서툴 수밖에 없음을 인정하고 아이를 지켜보면 좋겠습니다.

12

학교폭력은 처벌보다
예방이 절실하다

- 회복적 생활교육의 필요성 -

처벌받으면 뭐해요?
또 그럴 수 있잖아요.
그리고 보복하면 어떡해요?

목격한 학생과 피해를 입은 학생이 모두 학교폭력 신고를 하고 나서 가해학생이 보복하지는 않을까 걱정하는 일은 아주 흔합니다. 아이보다 부모가 더 걱정하는 경우도 있습니다.

학폭위가 끝나고 조치가 나오면 가해학생의 마음에는 반성하고 처분을 받아들이는 한편 억울하고 화가 나는 감정이 생길 수 있습니다. 실제로 가해학생들에게 학폭위 처분을 받았을 때 어떤 마음과 생각이 들었는지 물어보니 '재수 없다', '불쾌하다', '짜증이 난다', '다음부터 걸리지 말자'라는 생각이 들었다고 대답했습니다. 이는 그 가해학생이 나빠서가 아니라 누구든 그렇게 생각할 수 있음을 우리는 인정해야 합니다.

그렇다면 어른들이 해야 할 일이 분명해집니다. 즉 피해학생이 느끼는 가해학생의 보복에 대한 두려움을 줄이고, 가해학생이 느끼는 억울하고 화나는 감정을 줄여서 다시는 그런 행동을 하지 않게 할 방법을 고민해봐야 합니다.

무거운 처벌만이 해답이 아닙니다

1974년 캐나다의 보호관찰사였던 마크 안츠는 청소년 재범률이 줄어들지 않자 '내가 왜 이 일을 하고 있지?' 하는 의문이 생겼답니다. 그러던 중 청소년 몇 명이 마을을 돌아다니며 차를 훼손하고 울타리를 망가뜨리는 일이 있었습니다. 마크 안츠는 그 아이들을 데리고 피해를 입은 사람들을 방문했습니다. 피해자들이 보인 반응은 "아, 너였구나"였습니다. 누군지 몰라서, 혹은 그런 일이 또 생길까 봐 걱정하던 주민들은 십 대 아이가 저지른 일이었다는 사실만으로 불안감이 덜어졌다고 합니다.

피해자들은 자신이 느낀 고통을 가해청소년들에게 얘기했습니다. "네가 울타리를 부수고 난 후 나는 밖에 나가기도 겁이 났어", "또 그런 일이 있을까 봐 불안했어". 그러자 아이들은 자신들의 행동 때문에 사람들이 그 정도로 고통과 불안을 느낀 줄 몰랐다며 진심으로 그들에게 사과했습니다. 피해자들은 가해청소년들에 대한 처벌로 '울타리 고칠 때 와서 같이 고치기', '자동차 수리비를 용돈으로 조금씩 갚기' 등 자신의 행동에 대해 책임을 지게 했습니다.

이 일은 응보적 정의(Retributive Justice. 잘못된 행동이 있을 때 그에 상응하는 고통 혹은 처벌을 부여하는 것)의 한계에 대한 대안인 회복적 정의(Restorative Justice. 피해자의 피해를 회복하고 자발적 책임과 관계 회복을 목표로 공동체적 역할을 강화하는 것)의 시작이었습니다. 이후 2년 만에 미국에서는 100여 개 이상의 피해자·가해자 모임이 만들어졌습니다. 2000년 UN 범죄 예방 및 범죄자 처우에 관한 회의 중 비엔나 선언에선 회복적 정의에 대한 사항을 포함했습니다.

한국에서는 2010년 가정법원에 화해권고위원회가 생겼습니다. 법원까지 가야 회복적 정의를 만날 수 있다는 점이 아쉽습니다. 학교에서 회복적 생활교육이 이루어져야 학폭위까지 갈 일이 많이 줄어들 텐데 말입니다.

피해자들은 말합니다. 가해자의 진정성 있는 공감과 사과가 폭력의 트라우마에서 벗어나는 데 가장 큰 도움이 된다고요. "처벌을 받으면 뭐해요? 또 그럴 수도 있잖아요. 그리고 보복하면 어떡해요"라는 말에서 알 수 있듯이 피해자의 아픔과 두려움은 깊고도 큽니다. 이를 인지하지 못한 채 처벌을 받는 것은 가해자의 마음에 분노와 화를 남겨 추후 보복 행위의 근원이 됩니다. 그렇기에 가해자에게는 피해자의 고통이 얼마나 컸는지, 바라는 것이 무엇인지를 알게 하는 것이 먼저입니다.

그래서 학교폭력 예방법도 처벌 위주가 아닌 회복 차원으로 바뀌고, 학교에서는 피해자와 가해자, 관련된 모든 사람이 참여하는 대화 모임을 가질 수 있도록 해야 합니다. 그러기 위해서 교사들은 회복적 정의를 생활교육으로 정착시킬 수 있도록 역량을 키워야 합니다. 지금 학교폭력 관련법을 개정하더라도 담당할 전문가가 턱없이 부족한 상황입니다.

회복적 정의가 학교폭력의 대안임은 분명하지만 지금의 경쟁 중심의 교육 시스템에선 회복적 생활교육을 하기가 어렵습니다. 회복적 생활교육을 하려면 천천히 시간을 들여야 하는데, 무슨 일이든 빨리빨리 처리해야 하는 지금의 교육 시스템에서는 분명 한계가 있습니다. 이처럼 현실적으로 회복적 정의를 정착시키기가 쉽지 않지만, 아이들을 살릴 수만 있다면 어렵고 시간이 많이 걸리더라도 해야 합니다.

학교폭력자치위원의 전문성이
떨어질 수밖에 없었던 이유

. . .

지인의 소개로 학교폭력자치위원의 경험이 있는 학부모 최○○ 씨를 만났습니다. 도움이 될지 모르겠다며 얘기를 시작한 최○○ 씨는 2017년까지 작은 아이와 큰아이가 다닌 학교에서 4년 동안 학교폭력자치위원 활동을 했습니다. 그중 2년은 남녀공학 고등학교였다고 합니다. 왜 그만두었는지를 물으니 관련법에 활동 기간이 정해져 있어서였다고 합니다. 실제로 2020년 3월 이전의 관련법에서는 '자치위원회 위원의 임기는 2년으로 한다'고 명시되어 있었고, 사안 처리 가이드북에는 '해당 학교 소속 학생 학부모는 자녀 졸업 시 학부모 대표위원 자격 상실'로 되어 있었습니다.*

Q. 학교폭력자치위원을 하게 된 계기는 무엇인가요?

A. 학부모회 회장인데 학교에서 요청이 와서 하게 됐어요. 다들 하기 꺼려 하거든요. 2년으로 정해져 있었지만 1년 하기도 힘들어했어요. 폭력 문제를

다뤄야 하는 데다 2시간 이상 회의를 하고, 아이들 문제인데 잘못하면 본인들도 책임이 따르니까 부담을 느끼죠.

Q. 학교마다 자치위원을 운영해 서로 다른 처분이 나오기도 합니다. 그렇다 보니 자치위원의 전문성에 대해 말이 나오고 있어요.

A. 맞아요. 저도 그렇게 생각하는데요. 학부모 위원은 잘 모르니까 교사들의 조언을 듣게 되고, 교사가 전례를 봐서 이런 경우는 이렇게 한다고 말하면 그 쪽을 따르는 경우가 많아요. 학부모 위원은 길어봐야 임기가 2년이었으니까 경험자가 많지 않았어요. 연수도 받지만 전문성을 가지기 어려웠죠. 반대로, 책임교사가 처음이면 오히려 저보다 모르는 경우도 있어요. 차라리 교육청 산하에 전문기관을 두고 학교 자치가 아닌 그 기관에서 전담하는 것이 좋을 것 같아요. 같은 학교의 학부모들이 민감하게 관여할 게 아니라 학교가 아닌 곳에서 오랜 기간 경력이 있고 전문성을 가진 사람으로 구성되어 진행하면 비밀 보장도 될 수 있을 것이고요.*

* 2020년 3월부터 시행되는 '학교폭력 예방 및 대책에 관한 일부 개정 법률안'에 따라 교내에서 학폭위가 열리지 않고 교육지원청 내 학교폭력대책심의위원회에서 열립니다(별책부록 참고). 그리고 교감, 보건교사, 책임교사, 학부모 등으로 구성된 '전담기구'의 1/3은 학부모가 포함되는 것으로 바뀌었습니다.

Q. 학폭위 처분 기준 항목이 고의성, 지속성, 의도성인데 어느 조항에 가장 비중을 크게 두나요?

A. 학생의 평소 생활 태도와 반성 여부를 가장 중요하게 여깁니다. 학부모도 교사도 평소 모범적인 아이에겐 관대한 편이에요.

(이 말에 저는 더욱 해당 학교보다 전문기관에서 사안을 처리해야 객관적일 수 있겠구나 하는 생각을 했습니다.)

Q. 기억에 남는 사건이나 4년간 활동하며 느낀 점이 있다면 무엇입니까?

A. 오래 하지 않았지만 매번 새로운 사안을 접했어요. 같은 사건이 하나도 없습니다. 기억에 남는 것은, 남자아이들은 언어폭력이 신체폭력이 되고, 여자아이들은 언어폭력이 SNS로 확대되어 따돌림으로 이어지는데 사이버 공간이라 더 심각하다는 점이에요. 시기와 질투가 이유인 경우가 많아요. 그리고 아이들의 문제라기보다 부모의 문제구나 싶어요. 자기 자식을 감싸려고 아이의 잘못을 인정하지 않고 사과하지 않아서 학폭위까지 오는 경우가 대부분이었거든요. 처음엔 뭘 모르고 학폭위 위원을 했어요. 그런데 하다 보니나 자신을 되돌아보게 되고, 부모로서 이렇게 하면 안 되겠다 하는 걸 배웠

어요.

("남의 자식도 내 자식이라는 마음으로 부모가 양보하고 배려하면 좋겠다"

는 말로 인터뷰를 맺었습니다. 무엇보다 학폭위의 운영에 대한 현실적인 개

선점을 들을 수 있어 좋은 시간이었습니다.)

따돌림이 딸들의 전유물이 된 이유

남자아이들과는 다르게 여자아이들은 초등학교 저학년 때부터 단짝친구를 만듭니다. 단짝친구와 반이 다르면 수업이 끝나길 기다렸다가 같이 집으로 가죠. 그러다 초등학교 4학년 때부터는 무리가 형성됩니다. 예를 들어 혜영파, 소연파처럼요. 각 무리는 자기네와 성향이 다른 아이들을 따돌리기 때문에 어느 무리든 들어가야만 편히 지낼 수 있습니다. 5학년이 되면 그 성향은 더 심해집니다.

초등학교 4학년 딸을 가진 한 엄마는 딸이 친구 때문에 우는 모습을 보고 어떻게 해야 할지 고민이 많다며 딸에게 있었던 일을 얘기했습니다.

"어느 날 같은 반 친구가 전화를 해서는 소연이와 나 중에서 누가 더 좋으냐고 물었대요. 그래서 둘 다 좋다고 대답했더니 '아니, 그래도 둘 중에 조금이라도 더 좋은 사람이 있을 거 아냐. 그게 누구냐'고 대답을 할 때까지 물어서 어쩔 수 없이 '네가 더 좋아' 하고 대답했대요. 그런데 다음 날 학교에 가니 제 딸이 '소연이는 싫다'고 했다고 소문이 나버렸대요."

이런 일이 있을 때 여자아이들 사이에서 사실 여부는 중요하지 않습니다. 모든 아이를 찾아다니며 해명을 할 수도 없는 노릇입니다. 여자아이들은 잘 지내다가 어느 날 갑자기 적이 됩니다. 예고도 없어서 피해자들은 이유도 모른 채 따돌림을 당합니다. 교사가 개입하기도 쉽지 않습니다. 왜 따돌리느냐고 물으면 "따돌리긴요. 같이 놀기 싫은 것뿐이에요"라고 합니다.

《소녀들의 심리학》(레이철 시먼스)에 나온 사례들을 보면 너무도 닮은 상황과 말들에 놀랍니다. 친한 친구에게 말한 비밀이 약점이 되어 나를 공격하는 일도 자주 일어납니다. 특히 좋아하는 남자아이가 누군지가 아이들 사이에서 회자되면 놀림을 받는 것은 기본이고 '걸레'라는 말까지 듣게 됩니다. 친구들보다 뛰어난 점이 있으면 질투의 대상이 되고, 공부 잘하는 것도 선생님에게 칭찬을 듣는 것도 남자아이들에게 인기 있는 것도 예쁜 것도 표적이 되어 공격을 받고 따돌림을 당합니다. '여자는 얌전하고 남을 배려하고 착해야 한다'는 사회적 인식이 기본 욕망인 시기, 질투와 분노의 표출을 막다 보니 그 마음이 남을 공격하는 형태로 표출되기 때문입니다. 여자아이들은 남자아이들처럼 신체 공격을 하지 않습니다. 그 대신 흘겨보거나 말을 붙이지 않고 없는 사람 취급을 하며 따돌립니다. 그리고 무리를 지어 같이 공격합니다. 무리는 힘이 있는 한 사람을 중심으로 생기고, 함께할수록 더 세집니다.

공격은 아주 사소한 부분에서 시작됩니다. 옷차림이 이상하다고, 생김새가 특이하다고 뒤에서 흉보고 욕하고 험담을 합니다. 그러다가 확인되지 않은 내용을 소문냅니다. 남자아이들은 조금 아는 사람이나 잘 모르는 사람을 따돌리지만, 여자아이들은 친한 친구를 따돌립니다. 그렇기에 어느 무리에 끼느냐 못 끼느냐가 정말 중요합니다.

어른 입장에서는 그냥 혼자 지내면 되지 뭘 그렇게까지 무리에 끼려고 하느냐고 생각할 수 있습니다. 하지만 아이들 입장에서 무리에 못 끼는 현실은 치명적인 마음의 상처를 만듭니다. 따돌림을 주도한 가해학생이나 따돌림을 당한 피해학생 모두 성인이 되어서까지 그 고통에서 벗어나지 못할 정도입니다. 심하게는 사람을 믿지 못하는 경우도 있습니다.

그러나 피해학생은 자신의 상황을 어른들에게, 특히 부모에게 잘 알리지 않습니다. 따돌림을 당한다고 말하는 순간 자신이 못난 사람이 된다고 여깁니다. 어른들의 "지나고 나면 괜찮아져"라는 말도 위로가 되지 않습니다.

지금은 어른인 한 여성은 자신의 학창 시절을 고백했습니다. 반장으로서 담임교사가 시킨 일을 하고 있는데 몇몇 여학생들이 바로 앞에서 욕을 했다고 합니다. 그 상황이 너무 힘들었지만 별다른 반응 없이 해야 할 일을 계속하면서 '내가 지금 이 일로 힘들어하며 시간을 낭비할 것인가, 아니면 미래를 생각하며 공부에 전념할 것인가'를 고민하다가 후자를 선택했다고 합니다. 그렇게 한 학기를 보내고 학기말이 되니 욕을 했던 아이들 중 한 아이가 직접 "그동안 미안했다"며 사과를 했다고 합니다.

누구나 내가 가지지 못한 점을 가진 사람을 부러워합니다. 부럽다고 상대에게 말하면 되는데 그게 잘 안 됩니다. "사실 난 네가 질투 나. 너의 똑 부러지는 성격이 부러워"라고 말하면 상대는 "나는 너의 예쁜 얼굴과 사교성이 부러워"라고 말할 수도 있는데 말이죠. 그러니 평소에 마음을 말로 표현하는 연습을 해야 합니다. 딸들의 욕구를 인정해주고 그런 욕구를 느끼는 건 너무도 당연한 일이라고 알려줘야 합니다.

3장

누구나
겪을 수 있는
학교폭력

- 학교폭력의 기준 이해하기 -

• • •

"삶이란 누구 때문인 건 없는 것 같다. 그래, 시작은 누구 때문이었는 지 모르지만 결국 자신을 만드는 건 자기 자신이지. 살면서 받은 상 처나 고통 같은 것을 삶의 훈장으로 만드는가 누덕누덕 기운 자국으 로 만드는가는 자신의 선택인 것 같아."

- 《유진과 유진》 중에서

아이들 간의 성폭력,
예방이 가장 중요하다

- 성폭력의 기준과 처벌 -

❝ 우리 아이한테 출석정지와 전학,
접근금지 조치가 내려졌어요.
어떻게 해요? ❞

평소 짓궂기로 유명한 초등학생 C가 레슬링을 한다며 남학생 D를 뒤에서 끌어안고 헤드락을 걸었습니다. 그러다 신체의 중요 부위를 건드리게 됐는데 D는 C가 뒤에서 부비는 것처럼 느꼈다고 합니다. 그렇게 C는 가해자가 되었고, D는 피해자가 되었습니다.

C는 우연히 부딪힌 거라고 말하고, D는 C가 일부러 그랬으며 같은 남자라 수치심을 더 크게 느꼈다고 말했습니다. 학폭위를 진행한 결과 C에게 출석정지와 전학, 접근금지 처분이 내려졌습니다. C의 부모는 D

가 크게 다치지도 않았고 아이들끼리 놀다 그런 건데 너무 심한 조치가 아니냐고 반발했습니다. 그러나 학폭위에서는 C의 행동이 성폭력에 해당되기에 그와 같이 결정했다고 설명했습니다.

이런 행동들이 성폭력이에요

서울시 교육청에서 발행한 《대상별 학교 성폭력 사안 처리 매뉴얼》을 보면 단순히 상대의 몸을 만지거나 부비는 행위, 중요 부위를 보여주는 것도 성폭력에 해당합니다.

성폭력에 해당되는 행위 ✓

- 원하지 않는데 강제로 성관계를 하는 행위
- 몸의 중요한 부위들, 즉 성기와 가슴 그리고 엉덩이, 배 등을 만지거나 부비거나 빠는 행위
- 성기, 가슴 같은 중요 부위가 아니어도 상대방의 성적인 즐거움을 위해 이용당한 느낌을 받게 하는 행위
- 원하지 않는데 자기의 신체부위를 보여주거나 만져달라고 하는 행위
- 행동하지 않더라도 말로써 신체부위나 성행위에 대해 기분 나쁜 농담을 하거나 놀리는 행위
- 야한 비디오와 같은 음란물을 강제로 보여주지 않더라도 어린이나 지적 능력이 낮은 사람의 호기심을 자극해서 보여주는 행위

- 어린이의 경우 스스로 동의했다 하더라도 어른이나 나이 많은 청소년의 성적인 행동을 위한 행위를 하게 하는 것

성폭력에 대한 조항은 2008년 학교폭력 예방 및 대책에 관한 법률을 개정하며 관련법 제2조 및 제5조 제2항에 추가되었습니다. 동 법률 34조에 의거해 성폭력 사실을 알게 된 기관의 장과 종사자는 경찰 등 수사기관에 반드시 신고해야 하고, 신고하지 않으면 '아동·청소년의 성보호에 관한 법률' 제67조에 의거해 300만 원의 과태료를 부과받습니다.

성폭력으로 생긴 심리적 상처는 치유되기까지 오랜 시간과 세심한 심리적 보살핌이 필요합니다. 그러니 아이들 사이에서 성폭력 사건이 일어나면 피해학생이 원하는 바가 우선적으로 고려됩니다. 가해학생을 보는 것조차 힘들어 같은 공간에서 생활할 수 없다고 하면 가해학생에게 접근금지와 출석정지 조치가 내려질 수 있습니다.

아이들 사이에서 성폭력 사건은 일어나지 않는 게 가장 좋습니다. 예방 차원에서 부모는 아이가 노는 모습을 관심 있게 지켜보고, 평소 친구들과 어떻게 노는지도 물어봐야 합니다. 그리고 아이에게 성폭력에 해당되는 행위를 알려줄 필요가 있습니다.

이성 간의 성폭력 못지않게 동성 간의 성폭력도 빈번한데, 그럴 경우 성적 수치심은 더욱 큽니다. 밍키넷과 같은 성인 전용 온라인 사이트에

서 동성 간의 성행위를 보고 따라한 초등학생이 소년재판을 받은 일도 있었습니다. 특정 지역에서는 밍키넷을 접한 아이들이 많아서 상황이 심각한 지경이라고 합니다.

성폭력은 SNS로 유포되면 사이버폭력으로 확대될 수 있는 만큼 미리 예방하는 것이 가장 중요합니다.

성폭력 전문 상담 기관 (2020년 2월 기준) ⊘

기관명	지원 대상	지원 내용
학교폭력 신고센터(117)	성폭력, 학교폭력, 성매매 피해 청소년	• 법률 정보 제공 및 상담
해바라기 아동센터	성폭력 피해를 입은 19세 미만 아동·청소년 및 장애인	• 성폭력 외상 치료, 심리 상담 및 치료 • 법적 절차 지원, 피해자 조사 지원 • 사례 접수, 면담 조사, 가족 상담
해바라기 여성·아동센터 (1899-3075)	성폭력, 가정폭력, 성매매 피해 아동·청소년	• 응급처치, 산부인과 및 정신과 진료, 기타 외상 치료, 심리 치료 및 가족 치료 • 피해자 조서 작성, 진술 녹화, 증거 채취, 고소 지원 • 사례 접수 및 관리, 24시간 응급상담, 법률 자문
ONE-STOP 지원센터	성폭력, 가정폭력, 성매매 피해 청소년	• 응급처치, 산부인과 진료, 정신과 진료, 기타 외상 치료 • 피해자 조서 작성, 진술 녹화, 증거 채취, 고소 지원 • 사례 접수 및 관리, 24시간 응급상담, 법률 자문
여성긴급전화 (1366)	성폭력, 가정폭력, 성매매 피해 청소년	• 긴급구조 및 보호를 위한 365일 24시간 전화 상담
성폭력상담소 (장애인성폭력 상담소)	성폭력 피해 청소년	• 응급처치, 산부인과 진료, 외상 치료, 정신과 진료 • 진술 녹화 동행 지원, 고소 지원 • 사례 접수 및 관리, 24시간 응급상담, 법률 자문

(출처: 학교폭력 사안 처리 가이드북)

언어폭력과
사이버폭력은 함께 일어난다

- 언어폭력, 사이버폭력의 기준과 신고 방법 -

❝ 민서가 제 뒷담화를 하고 페북에도 올렸어요. 그걸 본 아이들이 퍼 날라서 저 완전 쓰레기 됐어요. ❞

사이버폭력을 당한 아이들은 밖에 나가기도 힘들어합니다. 다른 사람들이 자기를 알아보는 것 같고, 웃으며 지나가는 사람들을 보면 자기 얘기를 하는 것처럼 느껴지기 때문입니다. 심하면 대인기피증으로 고통을 받습니다. 그 정도로 SNS를 통한 폭력의 전파력은 무섭습니다.

언어폭력은 학교 교실과 복도 등의 장소에서 일어날 경우 증명하기 쉽지 않습니다. 요즘 벌어지는 언어폭력의 특징 중 하나는 '패드립'입니다. 패드립이란 패륜적 드립으로, 가족(부모)을 욕하는 것을 말합니다.

재미나 장난으로 하는 경우도 있지만, 특정 아이를 화나게 하려고 의도적으로 하는 경우도 있습니다. 언어폭력은 언어폭력으로 끝나지 않습니다. 남자아이들의 경우 패드립으로 시작한 언어폭력이 신체폭력으로 이어지는 일이 많습니다.

언어폭력은 '여러 사람 앞에서 상대방의 명예를 훼손하는 구체적인 말(성격, 능력, 배경 등)을 하거나, 그런 내용의 글을 인터넷이나 SNS 등으로 퍼뜨리는 행위(명예훼손)'를 말합니다. 그 내용이 진실이어도 범죄이고, 그 내용이 허위라면 형법상 가중처벌 대상이 됩니다. 또한 '여러 사람 앞에서 모욕적인 용어(생김새에 대한 놀림, '병신·바보' 등 상대방을 비하하는 말)를 지속적으로 말하거나 그런 내용의 글을 인터넷, SNS 등으로 퍼뜨리는 행위(모욕)'도 언어폭력입니다. '신체 등에 해를 끼칠 듯한 언행('죽을래?' 등)과 문자 메시지 등으로 겁을 주는 행위(협박)'도 포함됩니다.

평소 부모와의 대화가 폭력을 막을 수 있어요

이처럼 언어폭력은 사이버폭력과 함께 일어납니다. 우리 아이를 대상으로 언어폭력과 사이버폭력이 있었다고 판단되면 교육부의 《학교폭력 사안 처리 가이드북》에 나와 있듯 사이버상의 화면을 캡처해서 저장해두고, 오프라인상의 언어폭력은 육하원칙에 의거해서 기록해놓습니다.

만약 그 상황에 누군가가 함께 있었다면 목격자이니 사건 경위를 진술받습니다.

경찰에 신고하기를 원한다면 사이버수사대에 신고합니다. 불법 콘텐츠 범죄로 사이버 명예훼손 및 모욕에 해당합니다. 다만 경찰에 신고할 땐 '공연성'(불특정 또는 다수인이 인식할 수 있는 상태에서 명예훼손 행위를 한 것)이 중요합니다. 1 대 1의 대화는 처벌할 수 없습니다. 관할 경찰서에 직접 방문해서 신고하고, 이때 피해 사실을 증빙할 수 있는 자료를 제출합니다.

《어느 날, 갑자기, 사춘기》의 저자인 윤다옥 상담교사는 책에서 아이들이 하는 언어폭력에 대해 이렇게 말합니다.

관계가 불편한 아이들과는 기본적인 인사나 일상적인 말은 건네되 경계를 넘어서 친한 척을 하거나 저자세 취하지 않기, 상대가 반응을 안 보이는 건 그 아이의 자유라는 것을 받아들이기, 다소 우호적인 아이들에게는 이런 상황 때문에 내가 지금 힘들고 고민이 된다는 정도의 표현은 하되 상대 아이에 대한 험담이나 욕은 하지 않기 등의 태도도 알려줬다. 특히 험담이나 욕을 하면서 친구들의 동의를 끌어내서는 안 된다.

아이들은 아직 미숙합니다. 그래서 이후에 생길지 모를 일을 예상하거나 대비하며 행동하기가 어렵습니다. 지금 친한 친구에게 마음속에 있는 말과 함께 자기와 맞지 않는 친구의 얘기나 자신의 힘든 심정을 얘기할 수도 상대 아이의 험담을 할 수도 있습니다. 그러다 보면 내가 한 얘기가 상대 아이에게 전해지고, 내가 한 작은 욕과 험담이 눈덩어리처럼 커져 나에게 돌아옵니다.

그런 일을 예방하려면 평소 인간관계에 대해 많이 얘기해주세요. "엄마가 이런 일이 있었는데 상대방이 오해하거나 멀어지면서 엄마가 한 말 때문에 힘들어졌다"며 상황을 빗대서 얘기하거나, 다른 사람의 사례처럼 얘기해주면 어떨까요? 그러면서 어떻게 관계를 맺고 감정을 표현해야 하는지 자연스럽게 얘기를 나누면 좋겠습니다. 아이들 사이에서 일어나는 모든 일은 결국 관계 맺기에서 시작되기 때문입니다.

03

학폭위 처분은 어떻게 결정될까?

- 학폭위 처분의 기준이 되는 요소들 -

❝ 이번이 처음이에요.
우리 아이는
어떤 처분을 받게 될까요? ❞

가해학생의 경우, 학폭위에 참석하더라도 어떤 조치가 내려질지는 바로 알 수 없습니다. 조치 결과는 서면으로 통보되는데, 별다른 설명이 없으니 왜 이 처분이 나왔는지 이해가 안 되는 경우가 많습니다. 그럼 학폭위 조치는 어떤 기준으로 결정되는 걸까요?

교육부의 《학교폭력 사안 처리 가이드북》에 따르면 학폭위의 조치는 학교폭력의 심각성, 지속성, 고의성으로 폭력의 경중을 판단한 뒤에 이루어집니다. 피해학생이 전치 2주 이상의 상해를 입었거나, 폭력이 1회로 끝나지 않고 오랜 기간 지속되었거나, 우발적이 아닌 고의로 폭력을 썼다면 폭력이 중하다고 판단합니다. 2인 이상이 폭력에 가담했거나 위험한 물건으로 폭력을 행사했다면 더 엄한 처분을 받습니다.

폭력의 경중 판단 요소 ⊘

학교폭력 예방 및 대책에 관한 법률 제16조의 2, 제17조 제2항
- 피해학생이 장애학생인지 여부
- 피해학생이나 신고 및 고발을 한 학생에 대한 협박 또는 보복 행위인지 여부

학교폭력 예방 및 대책에 관한 법률 시행령 제19조
- 가해학생이 행사한 학교폭력의 심각성, 지속성, 고의성
- 가해학생의 반성의 정도
- 해당 조치로 인한 가해학생의 선도 가능성
- 가해학생 및 보호자와 피해학생 및 보호자 간의 화해의 정도

기타
- 교사 행위를 했는지 여부
- 2인 이상의 집단폭력을 행사했는지 여부
- 위험한 물건을 사용했는지 여부
- 폭력 행위를 주도했는지 여부
- 폭력 서클에 속해 있는지 여부
- 정신적, 신체적으로 심각한 장애를 유발했는지 여부

제 아들의 경우는 피해학생이 심하게 다치지 않아 '심각성'엔 해당하지 않았습니다. 폭력이 1회로 끝났으니 '지속성'에도 해당되지 않았습니다. 그런데 '고의성' 부분은 부모와 학교가, 특히 피해학생의 학교(타학교) 교사가 다르게 판단했던 것 같습니다. 저를 포함한 가해학생들의 부모들은 아이들이 지나가다 우연히 피해학생을 만났다고 알고 있었는데, 피해학생의 학교 교사는 가해학생들이 피해학생을 전화로 불러냈다고 알고 있었습니다. 여기에 세 명이라는 '집단성'과 '선배'인 점이 크게 영향을 미쳤습니다.

만약 가해학생이 반성을 하고 피해학생과 서로 화해를 했다면 폭력의 경중은 경감됩니다. 이는 법적 처분을 받을 때도 중요한 기준이 됩니다. 그래서 가해학생은 "잘못했습니다"를, 그 부모는 "지도 잘하겠습니다. 선처를 부탁드립니다"를 말합니다. 어떤 부모는 억울하고 화난 감정을 그대로 드러내면서 피해학생도 잘못이 있다고 지적하는데, 그렇게 하면 도움이 되기보다 반성하지 않는 모습으로, 상황을 제대로 인식하지 못하는 부모로 비쳐져 처분이 무거워질 수 있습니다.

이런 실수를 하지 않으려면 가해학생의 부모는 학폭위에 참석하기 전에 아이를 통해 언제 있었던 일인지, 얼마 동안이나 학교폭력이 지속되었는지, 고의로 그랬는지에 대해 정확히 듣고 육하원칙에 따라 글로 작성해보는 게 좋습니다. 꼭 전하고 싶은 말이 있으면 그것 역시 적습니다. 막상 학폭위에 참석하면 위축되어 해야 할 말도 생각이 잘 나지 않기 때문입니다.

가해학생의 부모는 아이의 잘못된 행동에 대해 부인하지 말고 인정해야 합니다. 그리고 부모로서 앞으로 아이를 어떻게 지도할 것인지 명확히 전달합니다. 피해학생과 그 부모에게도 사과하고, 화해를 위한 노력도 잊지 말아야 합니다.

가해자의 보복이 걱정된다면
이렇게 하자

- 가해학생의 보복을 방지하는 조치들 -

> 자기 형을 시켜서 학교 밖에서
> 해코지하면 어떡해요? 그래서
> 학폭위에 신고하기가 겁나요.

피해학생이나 그 부모가 가장 걱정하는 것은 가해학생의 보복입니다.
그래서 가해학생의 처벌을 강력하게 요구하지도 못하고, 학폭위를 여
는 것도 우려합니다. 가해학생의 처벌에 대해서는 피해학생과 그 부모
의 의견이 엇갈리기도 합니다. 제가 상담한 사례 중에는 피해학생과 그
어머니는 가해학생을 강력히 처벌해주기를 원하는데, 그 아버지는 혹
여라도 가해학생이 자기 형을 시켜서 학교 밖에서 보복을 할까 봐 신
고를 꺼린 경우도 있었습니다. 이처럼 가족 간에 생각이 다르면 어떻게

하는 게 좋을까요?

그럴 땐 신고 후에 생길 수 있는 일들에 대해 가족이 함께 얘기를 나눠보고, 그럼에도 불구하고 자녀가 신고하기를 원하면 신고를 합니다. 일어날 수 있는 일에 대한 대책도 같이 생각합니다. 동급생 간에 생긴 일이면 그나마 낫습니다. 가해학생의 나이가 더 많으면 걱정이 더 커집니다. 그럴 때를 위해 마련된 긴급 조치가 있습니다.

피해학생을 보호하고 가해학생의 보복을 방지하는 조치들 ✅

1. **심리 상담 및 조언(1호)**
2. **일시 보호(2호)**
3. **그 밖에 필요한 조치(6호)**
   - 치료 및 치료를 위한 요양
   - 학급 교체
   - 피해학생을 보호하기 위해 학교장이 긴급하다고 인정하거나 피해학생이 긴급 보호 요청을 하는 경우 학교장이 결정
   - 긴급보호 조치 시 자치위원회에 즉시 보고
   - 반드시 피해학생 보호자의 동의가 있어야 집행 가능
   - 내부 결재를 통해 조치 근거 기록 유지

보복의 가능성이 클 때 긴급하게 내려지는 조치로 피해학생은 심리 상담을 받을 수 있고 등교를 안 할 수도 있습니다. 이때는 출석을 인정받습니다.

피해학생에 대한 보호 조치는 피해학생 보호자의 동의가 있어야 시행됩니다(법률 제16조 제3항). '피해학생을 위한 심리 상담 및 조언(1호)'은 학교폭력으로 받은 정신적·심리적 충격으로부터 회복될 수 있도록 학교 내 교사 혹은 학교 외 전문 상담기관의 전문가에게 심리 상담 및 조언을 받도록 하는 조치입니다.

학교에 상담교사가 없을 때에는 위센터, CYC-Net, 정신보건센터 등 외부 기관을 통해 진행할 수 있습니다. 이러한 조치에도 불구하고 가해학생의 보복이 여전히 걱정된다면 가해학생에게 우선출석정지 조치가 내려질 수 있습니다

가해학생 우선출석정지(학교폭력 예방 및 대책에 관한 법률 시행령 제21조 제1항) ⊘

1. 2명 이상이 고의적, 지속적으로 폭력을 행사한 경우
2. 전치 2주 이상의 상해를 입힌 경우
3. 신고, 진술, 자료 제공 등에 대한 보복을 목적으로 폭력을 행사한 경우
4. 학교장이 피해학생을 가해학생으로부터 긴급하게 보호할 필요가 있다고 판단하는 경우

피해학생의 부모는 아이가 학교 내에서나 학교 밖에서 혼자 있게 하지 말고 친구와 같이 있도록 해야 합니다. 필요하다면 부모가 학교 앞에서 기다렸다가 같이 집으로 옵니다. 항상 옆에 있을 수 없으니 만약

가해학생이 보복하는 일이 발생하면 어떻게 할지를 의논하고 행동 수칙을 정해놓습니다.

심리적 안정이 무엇보다 중요하므로 가장 먼저 전문가에게 상담받을 것을 적극 권장합니다.

부모와 아이에게 내려진
특별교육, 꼭 받아야 할까?

- 가해학생 측에 주어진 특별교육의 취지 -

아이가 잘못한 건데
부모까지 교육을 받아야 돼요?
아이가 처분받은 것도 억울한데
우리도 교육받아야 한다니 화가 나요.

학폭위 조치 중 5호 처분이 '학내외 전문가에 의한 특별교육 이수'입니다. 학교폭력 예방 및 대책에 관한 법률 제17조(가해학생에 대한 조치) 9항에 '심의위원회는 가해학생이 특별교육을 이수할 경우 해당 학생의 보호자도 함께 교육을 받게 하여야 한다'라고 되어 있습니다. 만약 지정된 3개월 이내에 부모가 교육을 받지 않고, 다시 1개월 이내에 교육을 받지 않으면 300만 원 이하의 과태료를 내야 합니다.

특별교육 자체를 부모와 아이 모두 받아들이기 힘들어하는 경우도 있습니다. 가해자라고 알려지는 것이 싫고, 왜 부모까지 교육을 받아야 하는지 모르겠다고 합니다. 벌금 300만 원을 내더라도 교육을 안 받고 싶다는 부모도 있습니다. 하지만 벌금을 내더라도 특별교육에 대한 의무는 계속 유지됩니다.

가해학생 보호자(학부모) 특별교육 운영 ✓

- **교육 원칙**
  - 기관의 특성, 폭력 사안의 유형 등을 고려해 다양한 교육 프로그램을 마련
  - 보호자들의 특별교육 참가율 제고를 위해 주말, 야간 교육을 개설

- **교육 내용**
  - 학교폭력에 대한 전반적 이해를 통한 예방 및 대처 방안
  - 바람직한 학부모상 등 자녀 이해 교육
  - 가해학생의 심리 이해 및 학교·학부모 간의 공동대처 방안 협의

- **특별교육 인정 기준**

교육 대상 처분	이수 시간	교육 운영	비고
보복 행위 금지, 학교 봉사	4시간 이내	교육감 지정 기관의 프로그램 및 개인상담 이수	학부모와 학생 공동교육 가능
사회봉사, 특별교육, 출석 정지, 학급 교체, 전학	5시간 이상		

- **특별교육 기관**
  전국 시·도 학부모지원센터(교육부·평생교육진흥원), 위(Wee)센터, 청소년꿈키움센터(법무부), 청소년상담복지센터(여가부), 평생교육센터(지자체) 등 부처 산하기관, 대안교육 기관, 학교폭력 관련 시민단체(푸른나무재단, 평화여성회 등) 등

부모에게도 특별교육을 받으라고 하는 이유

가해학생의 부모로서 특별교육을 받으라는 조치를 받으면 '내가 아이를 잘못 키워서 내 아이가 가해자가 됐다고 생각하는 건 아닐까'라는 마음이 듭니다. 누가 뭐라고 하지도 않는데 자신을 쳐다보는 눈빛만으로도 주눅이 듭니다. 그러니 특별교육을 받는 것 자체가 불편한 건 사실입니다. 하지만 부모 대상의 특별교육의 취지를 안다면 마음가짐이 달라지고 불편함도 조금은 줄어듭니다.

학부모 특별교육의 취지는 학교폭력은 물론 자녀 이해를 도와 앞으로 자녀 지도에 활용하게끔 돕기 위함입니다. 물론 교육기관과 담당자의 역량에 따라 간혹 도움이 되지 않을 수도 있고, 교육받는 4시간 혹은 5시간이 힘들 수도 있습니다. 하지만 우리 아이의 잘못된 행동에 대한 책임을 부모가 같이 진다고 여기면 어떨까요? 아이가 받는 교육에 대해서도 생각해볼 수 있지요.

어쩌면 그 당시에는 이런 생각조차 들지 않을 것입니다. 저 역시 시간이 지나고 나니 여유가 생겨 이렇게 받아들이게 되었습니다.

한 가지 더, 자녀의 특별교육은 '조치로서 특별교육'과 '부가된 특별교육'이 있습니다. 조치로서 특별교육은 생활기록부에 기재되지만, 부가된 특별교육은 말 그대로 부가된 것이기에 교육을 받기만 하면 됩니다. 서면으로 받게 되는 학폭위의 조치 내용을 잘 살펴보시기 바랍니다.

학폭위 조치로 받는 특별교육의 내용은 다양합니다. 아들을 보니 승마 체험 등 외부 활동도 합니다. 특별교육을 부정적으로만 보지 말고 나와 아이가 자신을 되돌아보는 기회로 여기고 교육 내용을 아이와 함께 얘기 나누면 좋겠습니다. 교육받는 것 역시 자기가 책임져야 할 몫이라는 사실과 함께 말입니다.

내일부터 출석정지라니…
뭘 어떻게 해야 하나?

- 가해학생이 출석정지 처분을 받는 경우 -

당장 내일부터
학교에 나오지 말라는데,
너무한 것 같아요.
뭐라도 해야겠어요.

학폭위가 열리고 가해자 처분이 나오기까지 시간이 걸립니다. 하지만 출석정지 조치는 학폭위가 열리고 바로 나오기도 합니다.

같은 동네에 사는 한 어머니가 자녀의 일을 말하면서 "당장 내일부터 학교에 나오지 말래요"라는데, 불안하고 걱정스런 마음이 목소리에 묻어났습니다. 부모는 물론이고 당사자인 아이도 학교를 나오지 말라는 결정은 받아들이기가 어렵습니다. 그럼 가해학생에게 출석정지 조치가 내려지는 이유는 무엇일까요? 학교폭력 예방 및 대책에 관한 법률 시행령을 보면 자세히 나와 있습니다.

가해학생에게 출석정지 조치가 내려지는 경우 ⊘

학교폭력 예방 및 대책에 관한 법률 시행령 제21조(가해학생에 대한 우선출석정지 등)

1. 법 제17조 제4항에 따라 학교의 장이 출석정지 조치를 할 수 있는 경우는 다음 각호와 같다.
   ① 2명 이상의 학생이 고의적·지속적으로 폭력을 행사한 경우
   ② 학교폭력을 행사하여 전치 2주 이상의 상해를 입힌 경우
   ③ 학교폭력에 대한 신고, 진술, 자료 제공 등에 대한 보복을 목적으로 폭력을 행사한 경우
   ④ 학교의 장이 피해학생을 가해학생으로부터 긴급하게 보호할 필요가 있다고 판단하는 경우
2. 학교의 장은 제1항에 따라 출석정지 조치를 하려는 경우에는 해당 학생 또는 보호자의 의견을 들어야 한다. 다만, 학교의 장이 해당 학생 또는 보호자의 의견을 들으려 하였으나 이에 따르지 아니한 경우에는 그러하지 아니한다.

성폭력 사건의 경우에는 성폭력 가해자에 대한 긴급 조치로 즉시 출석정지 조치가 내려집니다. 여학생들에게 심하게 장난치는 남학생에게 "하지 마" 하며 손으로 막으려다 남학생의 주요 부위를 치게 되어 즉시 출석정지 조치가 내려진 여학생이 있었습니다. 고의로 한 행동이 아닌데도 출석정지 조치가 나오니 억울하다고 했습니다. 하지만 성폭력 관련 사안은 지극히 민감해 제3자가 판단하기 어렵습니다.

가해학생에게 즉석출석정지가 내려지는 경우 ✓

① 2명 이상의 학생이 고의적 · 지속적으로 성폭력을 행사한 경우

② 성폭력을 행사해 전치 2주 이상의 상해를 입힌 경우

③ 성폭력에 대한 신고, 진술, 자료 제공 등에 대한 보복을 목적으로 폭력을 행사한 경우

④ 학교의 장이 피해학생을 가해학생으로부터 긴급하게 보호할 필요가 있다고 판단되는 경우

출석정지 조치도 교육의 일부분입니다

출석정지 조치를 내리는 이유는 일시적으로 가해학생을 피해학생과 격리시킴으로써 피해학생을 보호하고 가해학생에게는 반성의 기회를 주기 위해서입니다. 피해학생의 출석정지는 보호 조치이므로 출석일수에 포함되지만, 가해학생은 결석 처리됩니다.

출석정지 기간은 학교 실정에 맞게 기준을 정합니다(기간의 제한은 없습니다). 이때 가해학생과 그 부모에게 의견 제시의 기회를 주도록 되어 있습니다. 가해학생이 학교에 오지 않는 기간에는 위클래스 상담, 자율학습 등 적절한 지도가 이루어지도록 교육적 방안을 강구하는데, 이는 통상 5호 처분인 학교 내외 전문가에 의한 특별교육 이수 또는 심리 치료에 해당됩니다.

가해학생의 입장에선 출석정지 조치를 받고 결석 처리되니 가혹하다

고 여길 수 있습니다. 하지만 피해학생의 입장에서는 당장 학교에서 가해학생을 보는 것 자체가 또 다른 폭력입니다. 그래서 학교장은 신중하게 결정해야 합니다. 가해학생이 조치에 대해 납득할 수 있도록 충분히 설명하는 것도 빠뜨리지 않았으면 합니다. 학교에서 충분히 설명한다면 가해학생의 부모가 감정이 격해져서 조치에 대해 행정심판이건 뭐든 하겠다고 하지 않을 것입니다. 가해학생에게도 배려는 필요합니다.

가해학생의 부모는 내 아이의 행위가 어느 정도 심각한지 정확히 판단하고, 특히 피해학생이 받은 고통에 대해서는 잘 알아보아야 합니다. 그렇게 하고도 납득이 가지 않으면 학폭위 책임교사에게 문의해서 왜 그런 조치가 나왔는지 확인해봅니다. 다만 아이에게 행동에 대한 책임을 져야 한다는 사실은 꼭 알려주셔야 합니다.

심리 상담 비용은 누가 부담할까?

- 상담 비용 청구 방법 및 절차 -

> 피해를 당한 것도 힘든데 상대방의
> 눈치를 보며 비용을 청구해야 하니
> 속상해요. 가해학생 측에서
> 안 주면 어떡하죠?

학교폭력은 신체적 후유증 못지않게 심리적, 정신적으로 후유증이 남습니다. 피해학생과 부모가 함께 상담 치료를 받기도 하고, 가해학생의 심리 상담이 필요하다고 판단되면 5호 처분으로 조치가 내려집니다.

피해학생의 보호 조치 1호로 심리 상담이 있습니다. 보호자가 동의해야 하며, 학교에서는 7일 이내에 조치해야 합니다. 심리 상담은 1회로 끝나지 않습니다. 그렇다 보니 상담 비용이 커집니다. 그러면 심리 상담 비용은 누가 지불하게 될까요?

심리 상담 비용 부담의 주체 ✓

피해학생 치료 비용 부담

① 피해학생이 전문 단체나 전문가로부터 제1항 제1호부터 제3호까지의 규정에 따른
상담 등에 사용되는 비용은 가해학생의 보호자가 부담하여야 한다. 다만, 피해학생
의 신속한 치료를 위해 학교의 장 또는 피해학생의 보호자가 원하는 경우에는 학교
안전공제회 또는 시·도 교육청이 부담하고, 이에 대한 구상권을 행사할 수 있다(학
교폭력 예방 및 대책에 관한 법률 제16조 제6항).

② 구상권 적용 가능 지원 범위

구분	내용	인정 기간
심리 상담 및 조언	교육감이 정한 기관의 심리 상담, 조언 비용	2년 (보상심사위원회 심의로 1년 범위에서 연장 가능)
치료 및 치료를 위한 요양	의료기관, 보건소, 약국 등에서 치료한 비용	
일시보호	교육감이 정한 기관의 일시보호 비용	30일

위의 도표에 나와 있듯 피해학생의 상담 비용은 가해학생의 보호자
가 부담합니다. 그런데 피해학생의 부모가 자비로 비용을 다 치르고 나
서 가해학생의 부모에게 청구하는 방식이라 피해학생 부모의 불편함이
이만저만이 아닙니다. 신체도 다쳤다면 함께 치료한 뒤에 상담 비용과
같이 청구합니다. 그러나 부가적으로 발생하는 교통비며 정신적 피해
보상 비용은 청구하고 싶겠지만 쉽지 않습니다.

심리 상담 비용을 청구하는 방법

"피해를 당한 것도 힘든데 상대방의 눈치를 보며 비용을 청구해야 하니 속상해요. 가해학생 측에서 안 주면 어떡하죠? 얼마나 달라고 할 수 있어요?"

가해학생의 부모에게 비용을 받기 힘든 상황이면 학교안전공제회(www.schoolsafe.or.kr)에서 받는 방법도 있습니다. 서식을 작성해 청구하면 공제회에선 가해학생 부모에게 이 사실을 알립니다.

심리 상담은 교육감이 정한 기관에서 받아야 합니다. 교육감이 정한 기관은 해당 구에 한해 학교안전공제회에서 안내받을 수 있습니다. 기관에서 발생한 비용은 직접 양식을 작성해서 실제 발생한 비용에 한해서만 학교안전공제회에 청구합니다. 이 말은, 학교안전공제회를 통해 청구할 때는 정신적 피해보상이나 상담을 받기 위해 들어간 기타 비용은 청구할 수 없다는 의미입니다.

그렇다면 가해학생 측에 직접 정신적 피해보상액을 청구하는 경우 얼마를 달라고 할 수 있을까요?

정신적 피해보상 금액은 정해진 액수가 없습니다. 많고 적음은 가해학생 부모의 사정에 따라 다릅니다. 많이 청구할 수 있겠지만, 그걸 받을 수 있을지는 또 다른 문제입니다. 처음엔 모든 비용을 지불하겠다고 한 가해학생 부모도 언제 마음이 바뀔지 모릅니다. 중재가 필요하다면 학교 교사가 양측 부모의 동의하에 학교라는 공간에서 푸른나무재단(청예단)에 분쟁조정 신청을 하면 됩니다.

피해학생과 달리 가해학생이 5호 처분으로 심리 상담을 받게 되면 상담 비용은 본인이 부담합니다.

심리 상담은 심리적 회복을 위해 꼭 필요한 과정입니다. 상담교사를 학교에서 계약직으로 채용하지 않고 정규직으로 고용한다면 아이들의 심리 상담을 외부 기관에 의뢰하지 않아도 될 것입니다. 비용이 발생할 일도 없고 피해학생 부모가 까다로운 절차를 진행할 필요도 없습니다. 피해학생을 심리적, 정서적으로 지지하는 것만도 힘든 부모에게 그와 관련된 모든 사항을 알아서 처리하라는 것은 또 다른 폭력일 수 있습니다. 그렇기에 학교마다 상담교사 배치가 절실하지만, 현실적으로 한계가 있어 안타까울 뿐입니다.

08

반을 교체하는 것이
최선의 방법은 아니다

- 가해학생과 반 분리하기 -

가해한 아이를 보는 것조차
너무 힘들어해요. 하루 종일 같은
교실에서 생활해야 하는데,
반을 바꿀 수 있을까요?

엄마들 모임에서 아이들 얘기를 하다가 한 어머니가 속상하다며 한숨을 쉬었습니다. 왜 그러느냐고 묻자 아이가 친구들 때문에 힘들어하는데 학교폭력으로 신고할 수 있는지를 물었습니다. 저는 솔직하게 "이 사안으로 학폭위를 열 수 있다 안 된다라고 단정할 수 없어요"라고 했습니다. 그 어머니는 답답했는지 그동안 있었던 일들과 지금 아이가 겪고 있는 고통에 대해 말해주었습니다.

딸이 친하게 지내던 여학생들이 있는데, 언제부턴가 딸을 티가 나지 않게 소외시켰다가 다시 어울리는 일을 반복했다고 합니다. 그리고 딸 몰래 소근대서 무슨 얘기인지 물어보면 "아니야. 너는 몰라도 돼" 하며 알려주지 않았다고 합니다. 딸이 "엄마, 나 따돌림을 당하는 것 같아"라고 처음 얘기했을 땐 잘 지내보라고 격려하고는 넘겼는데, 그후로 따돌림의 강도가 점점 세져 이젠 급식실도 같이 안 가고 무리에 끼어주지도 않는답니다. 그렇다고 다른 무리의 아이들과 어울릴 수도 없어서 딸의 고민이 깊다고 합니다. 이 모든 일을 한 명이 주동하는 것 같은데, 부모로서 뭘 어떻게 해야 하는지 모르겠다며 한숨을 쉬었습니다.

그 어머니에게 딸이 어떻게 하길 바라는지 물으니, 주동하는 아이를 보는 것조차 너무 힘들어한다면서 반이라도 바꾸면 좋겠다고 했습니다. 학폭위를 여는 것도 그 아이를 처벌하는 것도 원하지 않았습니다. 그저 학교장 재량으로 반을 옮겨주면 좋겠다고 했습니다.

학교폭력 처분은 대부분 학폭위를 거쳐서 내려집니다

반 교체는 피해학생의 보호를 위한 긴급조치 4호로 이루어집니다. 이 경우 피해학생 보호자의 동의를 받아 7일 이내에 피해학생의 반을 교체할 수 있습니다. 가해학생에 대한 7호 처분으로 반 교체도 가능합니다. 그러나 두 경우 모두 학교폭력 신고를 하거나 학폭위를 열고 나서 받는 처분들입니다. 가해학생에 대한 조치는 학폭위에서 결정을 내리기 때문입니다.

물론 부모나 아이가 원하는 바를 학교에 전할 수는 있습니다. 그러나 부모가 원하는 대로 학폭위를 열지 않고 학교장의 재량만으로 반을 바꿀 수 있다고 단정하지는 못합니다. 부모나 학생의 입장에서는 단순한 일로 보이겠지만 실제는 아닙니다.

학교장 자체 해결 사안에 대한 관련 법조항 ⊘

학교폭력이 발생했을 때 학교장이 자체 해결할 수 있는 사안에 대한 관련법 조항은 다음과 같다.

학교폭력 예방 및 대책에 관한 법률 제13조의 2(학교의 장의 자체 해결)

① 제13조 제2항 제4호 및 제5호에도 불구하고 피해학생 및 그 보호자가 심의위원회의 개최를 원하지 아니하는 다음 각 호에 모두 해당하는 경미한 학교폭력의 경우 학교의 장은 학교폭력 사건을 자체적으로 해결할 수 있다. 이 경우 학교의 장은 지체 없이 이를 심의위원회에 보고하여야 한다.
- 2주 이상의 신체적·정신적 치료를 요하는 진단서를 발급받지 않은 경우
- 재산상 피해가 없거나 즉각 복구된 경우
- 학교폭력이 지속적이지 않은 경우
- 학교폭력에 대한 신고, 진술, 자료 제공 등에 대한 보복 행위가 아닌 경우

② 학교의 장은 제1항에 따라 사건을 해결하려는 경우 다음 각 호에 해당하는 절차를 모두 거쳐야 한다.
- 피해학생과 그 보호자의 심의위원회 개최 요구 의사의 서면 확인
- 학교폭력의 경중에 대한 제14조 제3항에 따른 전담기구의 서면 확인 및 심의

③ 그 밖에 학교의 장이 학교폭력을 자체적으로 해결하는 데 필요한 사항은 대통령령으로 정한다.

저는 그 어머니께 그동안 있었던 사실들을 육하원칙에 맞게 적어서 학교 교사를 찾아가 상담을 하라고 했습니다. 막상 교사 앞에 가면 하고 싶었던 얘기를 정리해서 말하기가 쉽지 않기 때문입니다. 무엇보다 우리 아이가 힘들어하는 것에 대해서, 가해학생이나 학교 교사의 눈에는 큰 일이 아니어도 아이는 고통받고 있다는 것을 전해야 한다고 조언을 했습니다.

그리고 "반을 교체해서 상황을 피하는 것이 최선의 해결책은 아니다"라는 말도 덧붙였습니다. 반을 교체해도 복도나 교내의 다른 공간에서 우연히 마주칠 수 있고, 방과 후 학교 밖 공간이나 사이버상에서도 만날 수 있기 때문에 피하는 것보다 내면의 힘을 키워서 상황을 이겨내게 하는 것이 가장 중요합니다. 자칫 반을 교체하는 것을 가해학생이 '내가 무서워서 피하는구나'라고 생각해서 오히려 피해학생을 더 만만하게 볼 수도 있습니다.

자기를 힘들게 하는 사람과 하루 종일 한 공간에서 같이 생활하는 것은 고통입니다. 그 어머니의 딸도 그 친구들과는 눈도 마주치고 싶지 않을 것입니다. 한참 예민한 청소년기에 친구 관계는 어른이 생각하는 것 이상으로 중요한 만큼 가볍게 여기지 말고, 평소 꾸준한 관찰과 대화를 통해 잘 이끌어주시기 바랍니다.

학교장 자체 해결 시 사안 처리 흐름도 ⊘

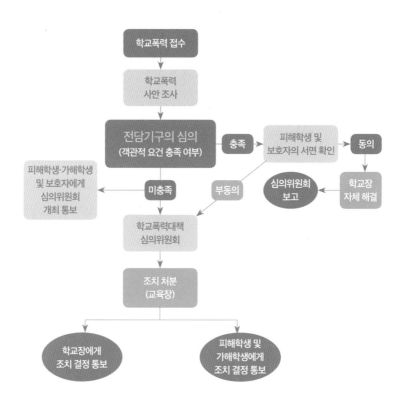

- 학교폭력 사안 조사
  - 전담기구의 사안 조사 과정에서 피해 관련 학생 및 그 보호자를 상담할 때 학교
    장 자체 해결을 강요하지 않는다.
- 전담기구 심의 시 유의사항
  - 학교장의 자체 해결 요건 해당 여부는 전담기구 심의에서 협의를 통해 결정한다.
  - 하나의 학교폭력 사안에서 가해학생이 여러 명인 경우, 가해학생 모두가 학교장
    자체 해결 요건에 해당하는 경우에 한해 학교장 자체 해결이 가능하다.

- 피해학생 및 그 보호자의 서면 확인
  - 전담기구의 심의 결과 학교장 자체 해결 요건에 해당하는 사안의 경우 전담기구에서 객관적으로 판단한 기준에 대해 피해학생 및 그 보호자에게 설명하고, 피해학생과 그 보호자가 학교장 자체 해결 동의서에 확인하면 학교장이 자체 해결할 수 있다.
- 학교장 자체 해결 이후에는 동일 사안에 대하여 자치위원회 소집을 요청할 수 없다. 다만, 가해학생 측에서 재산상 피해 복구 약속을 이행하지 않은 경우, 전담기구의 사안 조사 과정에서 확인되지 않았던 사실이 드러나는 경우 피해학생 및 그 보호자는 자치위원회 소집을 요청할 수 있다.
- 사안 처리 전 과정에서 필요 시 학교는 관계 회복 프로그램을 운영할 수 있다.

학교폭력 관련 학생들의 소속 학교가 다른 경우의 학교장 자체 해결

- 피해학생과 가해학생이 명확한 경우: 학교 자체 해결 여부의 판단은 피해학생 학교의 전담기구에서 심의 후 피해학생 및 보호자의 서면 확인을 받는다. 이때 정확한 사안 조사가 이루어질 수 있도록 학교장 승인하에 가해학생 학교에서 조사한 사안 내용의 공유에 대해 긴밀하게 협조가 이루어져야 한다.
- 피해학생과 가해학생이 명확하지 않거나 쌍방인 경우: 양쪽 학교에서 자체적으로 피해 사실과 가해 사실을 조사하고 전담기구에서 심의한다. 양 기관 모두 학교장 자체 해결로 판정이 날 경우 학교장이 자체 해결하며, 어느 한 곳의 학교에서라도 학교장 자체 해결 대상이 아니라고 판단할 경우 공동심의위원회를 개최해 처리할 수 있다.

전학은 신중히 결정해야 한다

- 피해학생의 희망 전학 vs. 가해학생에 대한 전학 조치 -

❝ 정 안 되면 전학 가면 되죠.
아이도 저도 너무 힘들어요. **❞**

가해학생에 대한 조치 중 8호 처분인 전학은 피해학생에게서 가해학생을 분리하기 위해 내려지는 조치입니다. 이전에는 피해자를 보호하기 위한 조치로 전학 권고가 있었지만 삭제되었습니다. 피해학생이 불이익을 당하는 것은 옳지 않다고 판단했기 때문입니다.

그럼에도 피해학생이 원해서 전학을 가는 일이 많습니다. 가해학생에게 전학 조치가 내려지지 않는 이상 같은 학교에서 생활해야 하는데, 피해학생은 학교 안에서 가해학생을 마주치는 것 자체를 힘들어하다가 결국 전학을 선택합니다. 그나마 수도권에선 전학 갈 학교가 많지만, 지방은 전학 갈 학교가 없습니다. 그렇기에 지방에 사는 피해학생과 그 부모는 가해학생과 마주치지만 않으면 좋겠다는 심정으로 매일을 살아 갑니다.

전학 조치는 피해학생에게도 가해학생에게도 힘든 일입니다

저는 피해학생 측과 상담할 땐 그 상황을 피하지 말라고 조언합니다. 왜 냐하면 학교폭력은 당장 학교를 옮긴다고 해결되는 일이 아니기 때문입니다. 특히 SNS가 발달한 요즘은 길에서 마주치지 않아도 사이버 공간에서 만날 수 있습니다. 그렇기 때문에 가해학생이 스스로 자신이 잘못된 행동을 했다고 인식하게 하는 것이 전학 조치보다 먼저 이루어져야 합니다. 전학을 가면 그 학교에서 왜 전학을 왔는지 알게 되어 같은 일이 반복되는 경우도 있습니다. 그렇기에 피해학생의 전학은 신중히 결정해야 합니다.

어떤 학생은 가해학생과 같은 학교에 다니는 것이 더 안전하다고 판단했습니다. 교사와 주변 친구들 모두 자신이 당한 사건을 알고 있으니 가해학생이 섣불리 행동하지 않을 것이고, 가해학생이 다시 자신을 괴롭힐 경우 보호받을 수 있다고 생각해서입니다.

피해학생이 원하고, 그럴 만하다고 판단될 경우엔 가해학생에게 전

피해학생을 보호하기 위한 가해학생의 전학 조치 ⊘

학교폭력 예방 및 대책에 관한 법률 시행령 제20조(가해학생에 대한 전학 조치)

① 초등학교·중학교·고등학교의 장은 자치위원회가 법 제17조 제1항에 따라 가해학생에 대한 전학 조치를 요청하는 경우에는 초등학교·중학교의 장은 교육장에게, 고등학교의 장은 교육감에게 해당 학생이 전학할 학교의 배정을 지체 없이 요청하여야 한다.

② 교육감 또는 교육장은 가해학생이 전학할 학교를 배정할 때 피해학생의 보호를 위해 충분한 거리 등을 고려하여야 하며, 관할구역 외의 학교를 배정하려는 경우에는 해당 교육감 또는 교육장에게 이를 통보하여야 한다.

③ 제2항에 따른 통보를 받은 교육감 또는 교육장은 해당 가해학생이 전학할 학교를 배정하여야 한다.

④ 교육감 또는 교육장은 제2항과 제3항에 따라 전학 조치된 가해학생과 피해학생이 상급 학교에 진학할 때는 각각 다른 학교로 배정하여야 한다. 이 경우 피해학생이 입학할 학교를 우선적으로 배정한다.

학 조치가 내려지기도 합니다. 가해학생의 전학은 법령에 의해 정해져 있습니다. 피해학생을 보호할 목적으로 내려지는 조치이므로 상급 학교에 진학할 때도 피해학생을 우선 배정하고, 가해학생은 피해학생과 다른 학교에 배정하도록 되어 있습니다.

아이가 졸업반일 때 일이 생기면 부모들은 학폭위를 열지 않고 졸업하길 원하지만 혹 같은 학교를 배정받을까 봐 걱정합니다. 이 경우에도 학폭위를 열어 가해학생에 대한 8호 조치인 전학 처분이 나와야만 다른 학교로 배정할 수 있습니다. 만약 성범죄와 관련된 경우는 즉각전학 조치가 내려지기도 합니다. 이 역시 피해학생을 보호하기 위한 조치입니다.

전학 조치는 피해학생의 안전을 보장하기 위해 가해학생과 분리하는 조치이지만, 전학 이후에 가해학생들의 학교생활은 원활하게 이루어지지 않습니다. 특히 새로운 학교폭력 사건을 일으킬 수 있고, 왜 전학을 왔는지 학교에 알려지면 피해학생과 마찬가지로 악순환이 반복됩니다. 그렇게 전학을 몇 번 하다가 결국 학교를 그만두고 학교 밖 아이가 되는 가해학생들이 많습니다.

전학 조치는 필요한 조치임에도 한 아이의 인생을 달라지게 할 수 있는 만큼 신중하고 또 신중하게 결정해야 합니다. 가장 효과적인 방법은 선도를 목적으로 관계 회복에 중점을 두고 지도하는 것입니다.

학교 밖 아이에게 맞으면
어디에 신고할까?

- 학교 밖 아이들의 폭력에 대처하기 -

> **학교 밖 아이에게 맞았는데**
> **경찰에 신고하면**
> **그 아이를 잡아가나요?**

"우리 아이가 학교 밖 아이들(미성년자이지만 학교를 다니지 않는 아이들)에게 맞고 돈을 빼앗겼는데 어떻게 해야 되나요?"라고 한 어머님이 상담을 요청해오셨습니다. 이런 경우도 학교폭력에 해당되는지를 궁금해하셨습니다.

학교폭력 예방 및 대책에 관한 법률 제2조 학교폭력의 정의를 보면 '학교 내·외에서 학생을 대상으로 발생한' 폭력을 학교폭력으로 규정하고 있습니다. 학교 내에서뿐만 아니라 학교 밖, 사이버 공간 등 모든 공간을 포함하며, '학생을 대상으로'로 규정이 바뀌면서 학생들 사이, 학생과 교사 사이, 학생과 어른 사이, 학생과 학교 밖 아이들 사이에서 일어난 사건은 모두 학교폭력에 해당됩니다.

경찰서에도 학교에도 모두 신고하세요

그럼 우리 아이가 학교 밖 아이들에게 폭력을 당했을 경우 학교와 경찰서 중에서 어디에 신고해야 할까요?

두 군데에 모두 신고하는 것이 좋습니다. 가해자가 학생이 아니기에 경찰서에 신고를 하고, 학교엔 피해학생을 보호하기 위해 신고를 하는 것이지요. 피해학생의 보호 조치로는 1호 심리 상담 및 조언, 2호 일시보호, 3호 치료 및 치료를 위한 요양, 4호 학급 교체, 6호 그 밖에 피해학생의 보호를 위하여 필요한 조치가 있습니다. 5호 전학 권고는 개정안에서 삭제되었습니다. 물론 피해학생 보호자의 동의가 있어야 합니다.

추가적인 보호 지원으로는 '출석일수 산입'이 있습니다. 피해학생 보호 조치 등에 필요한 결석일을 출석일수에 산입하는 것입니다(학교폭력 예방 및 대책에 관한 법률 제16조 제4항). 이때 학교장은 피해학생 보호 조치를 위해 객관적으로 필요하다고 인정되는 범위에서 결석을 출석으로 인정합니다(진단서, 의사 소견서 등 필요). 또 다른 지원으로 '불이익 금지'가 있습니다. 성적 평가 등에서 불이익이 없도록 조치하는 것입니다

(학교폭력 예방 및 대책에 관한 법률 제16조 제5항).

경찰서에 신고할 때는 관할 경찰서의 여성청소년계에 신고합니다. 신고 이후에 일이 어떻게 진행되는지 궁금할 텐데, 이후의 과정은 경찰만이 압니다. 부모가 그동안 자녀가 당한 일과 현재의 상황을 잘 설명하면 긴급하고 위중하다고 판단하겠지만, 경찰에게 동행해줄 것을 요청할 경우 동행을 할지는 미지수입니다. 그러니 부모가 강력하게 요구하고, 얼마나 위급한 상황인지를 알리는 게 중요합니다.

부모 입장에서는 가해자가 학교 밖 아이이기에 보복이 걱정되고 처벌이 어디까지 될지 몰라 더 불안할 것입니다. 그래서 명확한 처리 과정과 결과를 원하지만, 사건 처리는 예측하기 어려운 것이 현실입니다.

학교폭력 신고가 최선일 수도, 최선이 아닐 수도 있어요

학교폭력이 발생하면 부모들은 "지금의 상황에서 벗어나고 싶어요. 더 이상 이런 일이 생기지 않았으면 좋겠어요"라고 말합니다. 그런데 다시는 이런 일이 생기지 않도록 하는 최선의 방법이 신고인지에 대해서는 생각해봐야 합니다.

신고 이후에 어떤 일이 생길지 모릅니다. 그렇기에 막연히 '신고하면 다시는 그런 일이 안 생길 거야' 하고 생각할 것이 아니라, 신고할 경우 우리 아이에게 도움이 되는 점과 손해가 되는 점이 무엇인지를 따져봐야 합니다. 더불어 신고를 하지 않을 경우 도움이 되는 점과 손해가 되는 점도 잘 가려서 글로 정리해보고, 조금이라도 우리 아이에게 도움이 되는 방향으로 선택하면 됩니다. 하지만 어떤 선택을 하든 예상하지 못한 손해가 생길 수 있음을 염두에 두고, 손해가 생기면 어떻게 대처할지도 생각해두어야 합니다. 우리 아이가 당하고 있는 것을 보고만 있을 수 없으니 원하는 대로 결과가 나오지 않더라도 신고를 해서 아이의 마음의 상처를 덜어주고 싶다면 그렇게 하면 됩니다. 피해학생의 경우 신고 후 동반 등하교 지원을 받을 수도 있습니다.

부모와 아이가 같이 고민하고 의견을 나눠서 상황을 헤쳐나가야 합니다. 누가 대신해주지 않습니다. 이 과정을 어떻게 처리하느냐에 따라 이후의 삶이 달라질 것이기에 더욱 중요합니다. 서로에게 힘이 돼주어야 지치지 않습니다. 그러니 힘을 내십시오. 문제를 해결해줄 만한 주위 기관이나 사람에게 도움을 요청하십시오. 학교 교사, 상담, 법률 자문…… 무엇이든 좋습니다. 그러다 보면 좋은 해결책도 생겨납니다.

생활기록부에 기재된 학교폭력, 삭제될 수 있을까?

- 학교폭력 조치 사항의 생기부 기재 -

가해자 처분 내용이 생기부에 기록되는데, 상위 학교에 진학할 때 불이익을 당하지 않을까요? 삭제는 언제 되나요?

학교폭력의 가해자가 되면 부모나 아이 모두 그 내용이 생활기록부(생기부)에 기록되어 상위 학교에 진학할 때 불이익을 받지 않을까 걱정합니다. 특히 고등학생은 수시전형을 목표로 할 경우 가해자 처분에 대한 기록이 없어지지 않은 채 입시를 치러야 하기 때문에 민사소송이나 행정심판 등으로 시간을 끌며 생기부 기록을 늦추려는 가해학생도 있습니다. 또한 피해학생들은 학교폭력의 내용이 생기부에 기록되는 것으로 잘못 알고 신고를 꺼리기도 합니다.

삭제 여부는 심의를 통해 결정됩니다

학교폭력과 관련해서 학폭위가 열리고 처분이 내려지면 그 내용을 생기부에 기재하게 되어 있는 것은 맞습니다. 학교폭력 예방 및 대책에 관한 법률 제17조(가해학생에 대한 조치)에 의하면 가해학생에 대해서는 1호부터 9호까지의 처분이 있습니다. 1호는 피해학생에 대한 서면사과, 2호는 피해학생 및 신고하거나 고발한 학생에 대한 접촉·협박 및 보복 행위의 금지, 3호는 학교에서의 봉사, 4호는 사회봉사, 5호는 학내외 전문가에 의한 특별교육 이수 또는 심리 치료, 6호는 출석 정지, 7호는 학급 교체, 8호는 전학, 9호는 퇴학 처분입니다. 하나의 처분만 내려질 수도 있고 두 개 이상의 처분이 내려질 수도 있습니다. 단, 의무교육 기간인 중학교까지는 9호 처분(퇴학)은 내려지지 않습니다. 사안을 조사해 '조치 없음'으로 결정나기도 합니다.

제 아들은 중학교 3학년 6월에 학폭위가 열리고 생기부에 기재되었습니다. 다행히 6개월 이후에 심의를 통해 졸업하면서 기록은 삭제되었습니다. 만약 2학기에 일이 있었다면 기록은 삭제되지 않은 채 고등학교에 진학했을 것입니다. 뒤 페이지의 표를 보면 1호, 2호, 3호, 7호는 졸업과 동시에 자동 삭제되지만 4호, 5호, 6호, 8호는 졸업 2년 후에 삭제하는 것이 원칙이지만, 심의 대상자 조건을 만족할 경우 심의위원회에서 심의 후 졸업과 동시에 삭제가 가능하도록 되어 있습니다.

심의 대상자란 학교를 다니는 동안 2건 이상(1호, 2호, 3호, 7호 포함)의

가해학생 조치 사항의 생기부 삭제 시기 ✓

가해학생 조치 사항 (학교폭력 예방 및 대책에 관한 법률)	생기부 영역	삭제 시기
제1호(피해학생에 대한 서면사과)	행동 특성 및 종합 의견	• 졸업과 동시(졸업식 후 2월 말 사이 졸업생 학적 반영 이전) • 학업 중단자는 해당 학생이 학적을 유지했을 경우를 가정해 졸업할 시점
제2호(피해학생 및 신고·고발 학생에 대한 접촉, 협박 및 보복 행위의 금지)		
제3호(학교에서의 봉사)		
제7호(학급 교체)		
제4호(사회봉사)	출결 사항, 특기 사항	• 졸업일로부터 2년 후 • 졸업 직전 전담기구 심의를 거쳐 졸업과 동시에 삭제 가능 • 학업 중단자는 해당 학생이 학적을 유지했을 경우를 가정해 졸업했을 시점으로부터 2년 후
제5호(학내외 전문가에 의한 특별 교육 이수 또는 심리 치료)		
제6호(출석 정지)		
제8호(전학)	학적 사항, 특기 사항	
제9호(퇴학)		• 삭제 대상 아님

(출처: 학교폭력 사안 처리 가이드북)

학교폭력 사안으로 학폭위의 가해학생 조치를 받은 적이 없을 것, 학교폭력 조치 결정일로부터 졸업학년도 2월 말일까지 6개월이 경과된 학생입니다. 학년 말에는 6개월이 지나지 않았기에 생기부에 기록된 상태로 상급 학교에 진학할 수밖에 없습니다. 그러니 부모도 아이도 생기부 기재에 민감할 수밖에 없지요.

2018년 9월부터 서울시 교육청에서는 1호부터 3호까지의 약한 처분은 생기부에 기록하지 않는 것을 논의하기 시작했습니다. 그 결과 2020년 3월부터는 1호부터 3호까지의 처분은 생기부에 기록하지 않기로 관련법이 개정되었습니다. 단, 딱 1회만 기재되지 않고 다시 학교폭력 가해자가 되면 이전에 기록되지 않았던 사안까지 모두 기록됩니다.

2020년 3월부터 달라지는 내용은 또 있습니다. 사건이 경미하다고 판단되면 학교장 선에서 피해학생 측의 동의하에 사건을 종결시킬 수 있게 되었습니다. '경미한 사건'의 기준은 폭력이 지속적이지 않거나, 재산상의 피해가 없거나, 피해자가 2주 이상 치료가 필요한 진단서를 발급받지 않은 사건입니다.

12

적정한 합의금이란 어느 정도일까?

- 손해배상 금액 합의하기 -

❝ 치료비와 치료받으며 들어간
교통비, 그 외에 정신적 피해보상비까지
받을 수 있을까요?
얼마가 적정한 금액이에요? ❞

피해학생의 부모들은 학교폭력 처분이 내려지고 아이가 치료를 받고
나면 가해학생 측에 얼마를 달라고 해야 하는지 고민을 합니다. 피해학
생의 부모들은 최대한 많이 받으려 하고, 가해학생의 부모들은 적절한
비용을 지불하고자 합니다. 가해학생의 부모들이 생각하는 적절한 비
용이란 치료비까지인 경우가 많습니다. 이렇게 생각이 서로 다르다 보
니 원만히 해결되는 일이 드뭅니다.

손해배상 금액은 정해져 있지 않아요

손해배상에는 재산상의 손해, 재산 이외의 손해, 명예회복 처분 등이 있습니다. 다만 정신적 손해에 대한 배상에 해당하는 위자료의 경우 학교폭력과 정신적 손해 사이의 인과관계가 인정되어야 합니다. 위자료의 액수는 일반적으로 법원의 자유재량에 따라 결정됩니다. 이때 정신적 피해보상은 금액이 정해져 있지 않습니다. 요구할 수는 있지만 상대방이 주지 않으면 받을 수 없습니다. 상대방의 경제 상황을 모르니 얼마를 줄 수 있을지도 알 수 없습니다. 그렇더라도 영수증처럼 발생 비용을 증빙할 서류들은 잘 챙겨놓고, 가능하다면 앞으로 생길 수 있는 치료에 대한 의사의 소견서도 받아놓는 것이 좋습니다.

피해자와 가해자가 나뉘면 화해의 정도가 반성의 정도 못지않게 중요합니다. 화해의 정도란 잘못을 뉘우치고 사과하고 다시는 그런 일이 생기지 않도록 하겠다는 약속은 물론 최종 '합의서'를 포함합니다. 합의서에는 합의금이 포함됩니다. 합의 금액은 개별적으로 적용할 뿐 객관적인 기준이 없습니다.

가해학생 부모도 피해학생 부모도 노력이 필요합니다

미성년자인 아이들은 금전적인 보상을 할 수 없습니다. 이는 보호자의 몫입니다. 아이를 위하는 마음은 피해학생의 부모든 가해학생의 부모든 마찬가지입니다. 가해학생의 부모는 내 아이로 인해 피해학생이 고통을 받게 되었다는 사실을 받아들이고 진심 어린 사과와 피해에 대한 보상을 책임지고 하겠다는 마음을 표현해야 합니다.

한 예로, 두 아이가 싸워서 다쳤다는 연락을 받고 피해학생의 부모가 아이를 데리고 병원으로 갔습니다. 곧바로 가해학생의 부모가 병원으로 와서는 너무도 미안해하며 치료비 일체를 지불하고 몇 번이고 사과를 했습니다. 그러자 피해학생의 부모는 더 이상의 보상을 요구하지 않았다고 합니다. 가해학생의 부모가 너무 미안해하고 바로 달려와준 것으로 마음이 풀렸다고 했습니다.

시간을 지체하는 것은 좋지 않습니다. 가해학생의 부모는 적극적으로 합의를 위해 노력해야 합니다. 피해학생의 부모도, 내 아이가 겪은 고통이 돈으로 보상이 안 되겠지만, 무리한 요구는 자제해야 합니다.

합의서는 따로 정해진 양식이 없습니다. 양측이 서로 합의를 했다면 손해배상금을 지불하기 전에 그 내용을 합의서로 작성합니다. 합의서엔 합의가 된 사항은 물론이고 가해학생의 처벌을 원하지 않는다는 내용과 이후 민형사상 법적 조치를 하지 않겠다는 내용이 반드시 포함돼야 합니다. 아래의 예시 양식을 참고해 작성하면 됩니다. 물론 세부 사항은 더 추가할 수 있습니다.

학교폭력 합의금에 대한 합의서 예시 ✓

합의서

피해학생의 보호자(갑): ○○○(부), ○○○(모)

가해학생의 보호자(을): ○○○(부), ○○○(모)

갑과 을은 ○○○○년 ○○월 ○○일에 발생한 학교폭력에 관하여 ○○○○년 ○○월 ○○일에 협의 과정을 통하여 다음과 같이 합의함.

가. 을은 재발 방지를 위하여 모든 노력을 다할 것을 약속한다.

나. 을은 갑에게 치료비(상담 비용) 및 위자료 등을 포함하여 손해배상금으로 금 ○○ ○○○원을 ○○○○년 ○○월 ○○일 지급하였으며, 이 합의서로 영수증을 갈음한다.

다. 갑은 가해학생에 대한 처벌을 원하지 않음을 확인하며, 가해학생 구제를 위한 조치에 적극 협조하기로 한다.

라. 갑은 이후 더 이상 고소(고발) 및 손해배상 청구 등을 포함한 어떠한 민형사상의 법적 조치를 취하지 않기로 한다.

○○○○년 ○○월 ○○일

위 갑 ○○○(인), ○○○(인)

위 을 ○○○(인), ○○○(인)

학교폭력을 없애려면
부모의 노력이 동반돼야 한다

푸른나무재단(청예단)에서 상담 전화를 받다 보니 학부모 못지않게 학교폭력 책임교사도 힘든 일이 많다는 사실을 알게 되었습니다. 양쪽 부모 사이에서 중재하고, 학교폭력 조치를 어떻게 해야 할지 고민하는 모습이 아주 힘들어 보였습니다. 그럼에도 학부모는 학부모대로 교사에게 섭섭해하고, 심지어 고소까지 합니다. 지인을 통해 한 사립 여자고등학교에서 화학교사로 있으면서 2년째 학교폭력 책임교사를 맡고 있는 분을 소개받고 궁금한 점을 물어봤습니다.

Q. 관계 맺기를 어려워하는 아이들의 특징 때문에 학교폭력이 생겨나는 경우가 있다고 들었습니다.

A. 요즘은 아이들도 오프라인보다 온라인에서 교류하는 경우가 몇 배는 더 많습니다. 그래서 스마트폰으로 자유자재로 인터넷을 할 수 있게 된 것이

폭력을 유발하는 가장 큰 원인이라고 할 수 있습니다. 특히 SNS가 문제입니다. 어느 학생은 학교에서는 조용하고 착실하게 공부만 하는 아이인데 SNS에서는 정반대의 얼굴을 하고 있었습니다. 결국 그 학생은 SNS가 폭력의 원인이자 증거가 되어 학교폭력 가해자가 될 뻔 했습니다. 지금도 아이들의 SNS에서는 학교폭력이 이루어지고 있다고 해도 과언이 아닙니다. 예외인 학생은 거의 없을 것이라 확신합니다.

(내가 모르는 내 아이의 모습이 있다는 사실을 인정하기 어렵겠지만, 온라인에서라면 더욱 그럴 수 있다는 것을 알게 되었습니다.)

Q. 학교폭력 책임교사로서 어떤 점이 가장 힘든가요?

A. 단연, 학부모를 상대하는 일입니다. 학교폭력 신고가 들어왔을 때 매뉴얼대로, 절차대로 진행하는 과정에서 가해학생 부모와 피해학생 부모 모두에게 사안 처리 과정을 알려야 합니다. 이때 가해학생의 부모는 2가지 유형이 있습니다. 첫 번째 유형은 전화기를 붙잡고 어떻게든 잘 넘어가게(담임 또는 학교장 종결로 끝날 수 있게) 해달라면서 피해학생에게 어떻게든 사과를 하고 화해를 할 수 있게 도와달라고 사정을 하는 부모들입니다. 이런 유형

의 부모들은 사안 처리 과정을 알릴 때마다 30분 이상 전화기에 대고 통사정을 하십니다. 그럼 저는, 물론 중립을 지켜야 하는 입장이지만, 부모들의 마음을 이해하기에 냉정하게 전화를 끊지 못합니다. 사실 이 과정에서 몸과 마음이 지칩니다. 두 번째 유형은, 학교로 찾아오는 부모님입니다. 나쁜 말로 하면 쳐들어오십니다. '우리 애가 왜 가해자냐, 우리 애도 그 애한테 당했다더라, 왜 그 애 말만 듣고 우리 애를 범죄자 취급하느냐' 이렇게 시작합니다. 그러면 저는 당혹감과 절망감, 억울함을 애써 억누르며 차근차근 설명을 하지요. 이런 학부모를 진정시키려면 1시간 정도 걸립니다. 마지막에는 '잘 부탁드린다'고 하고 귀가를 하십니다.

Q. 전화 상담을 해보니 내 아이를 위해 하는 행동이 오히려 아이를 힘들게 한다는 사실을 알게 되었습니다. 그런 부모들은 '교사가 중립적이지 않다. 그저 이 일을 덮으려고 한다. 나는 힘든데 장난으로 치부한다. 별스럽다고 여긴다'며 불만을 가지고 있습니다.

A. 사람은 어려운 상황에 처하거나 궁지에 몰리면 더욱 자기중심적으로 변하는 것 같습니다. 피해학생의 진술을 들어보면 가해학생이 분명 잘못을 했

고, 가해학생의 진술을 받다 보면 손바닥은 마주쳐야 소리가 나는 법이란 말을 절감할 때가 많습니다. 이럴 땐 대부분 양쪽 모두에게 폭력의 원인이 있지만 누가 먼저 신고했느냐에 따라 가해자, 피해가 결정될 뿐입니다. 그리고 학생들은 부모에게 자신이 당한 것만 부각시켜 얘기합니다. 그러니 '우리 애만 잘못한 것도 아닌데 왜 그러냐?', '선생님이 그래도 되느냐?'라며 화살이 엉뚱한 곳으로 날아오는 것이지요. 그럴 땐 '나는 왜 이 일을 맡아 교사로서의 자존감 다 무너뜨리고 살까?', '나는 학교에 학생들을 가르치러 오는가, 학생들을 취조하러 오는가'라는 생각까지 하게 됩니다.

Q. 학교폭력이 없어지려면 부모는 어떤 노력을 해야 할까요?

A. 학생들 사이에서는 정말 많은 일들이 벌어집니다. 자녀가 어떻게 학교생활을 하는지 관심을 가져야 합니다. 말하기 싫어해도 질문해야 합니다. 오늘 학교에서 특별한 일 있었느냐, 누구랑 친하냐, 누구랑 사이가 안 좋으냐(이건 중요한 질문입니다), 누가 괴롭히지 않느냐고 물어보십시오. 부모로서 꼭 필요한 것은 간섭이 아닌 관심입니다.

대화와 질문으로 아이의 마음을 열자

초등학교 1학년 아이가 담임교사에게 조르르 달려와 말한다. "선생님, 지금 복도에서 학교폭력이 일어나고 있어요!" 교사는 급히 복도로 달려나간다. 그곳에는 1학년 아이 둘이 말다툼을 하며 서로를 밀치고 있었다. 교사를 본 아이들이 "선생님, 이거 학교폭력으로 신고해야죠?"라고 묻는다. 교사는 "일단 친구들의 얘기를 들어보자"며 아이들을 교실로 데리고 들어갔다. 옆에서 싸움을 지켜보던 아이들은 "너 이거 ○○가 신고하면 학폭위 열리는 거야"라고 말을 거들었다.

경향신문 2018년 12월 23일자 '화해보다는 학폭으로… 초등학교 1학년의 현실'이란 제목의 기사 내용입니다. 초등학교 아이들이나 부모 모두 위의 사례처럼 안전사고나 우발적인 싸움마저도 학교폭력으로 여기는 경우가 많습니다. 고의성, 심각성, 지속성이라는 기준으로 봤을 때 학교폭력에 해당하지 않아도 학교폭력으로 분류해버립니다.

우선, 전해 듣는 말의 내용을 파악해야 합니다.

초등학생은 자신과 관련된 일이나 주변에서 일어난 일들을 집에 와서 잘 얘기합니다. 나서서 말하는 일이 없는 아들도 물어보면 대답을 합니다. 그리고 초등학교에서는 부모 모임이 활발하기 때문에 같은 학교, 같은 반 엄마들을 통해 학교에서 벌어진 일들에 대해 전해 들을 수 있습니다.

하지만 아이들이나 주변 엄마들이 전하는 내용은 잘 파악해야 합니다. 사람들은 자신에게 유리하게 말을 합니다. 거짓말을 한다기보다 본인에게 불리한 말은 안 합니다. 아이들이 특히 그렇습니다. 그래서 아이의 말은 객관적인 사실을 확인하는 것이 좋습니다. 학교폭력과 관련해서는 더더욱 그렇습니다.

그럴 땐 교사의 도움을 받으면 좋겠습니다. 아이에게 들은 내용에 대해 교사에게 물어보고 상황을 정확히 파악하는 것이지요. 이때 감정적으로 대응하지 말고 최대한 협조를 구하는 자세로 "제가 오늘 ○○이에게 이런 얘기를 들었는데, 혹시 선생님께서 알고 계시나요? 그 일로 아이가 불안해하고 힘들어하고 있어요"라고 말씀드립니다. 그리고 그 상황을 어떻게 해결하는 것이 가장 좋을지를 의논합니다. 신고를 해서 처벌까지 할 사안인지, 아니면 아이들 간에 화해시키면 되는 사안인지를 파악하고 다음 수순을 진행하면 됩니다. 부모는 교사와 학교를 불신하고, 아이는 친구들과 어울리기 힘들어하면 학교생활 자체가 어려워집니다.

부모의 반응에 따라 학교폭력이 예방될 수 있어요

한 어머니는 아이가 학교에서 돌아오면 "오늘은 누가 괴롭히지 않았어?" 하고 꼭 물어봤다고 합니다. 엄마는 걱정이 돼서 물어본 것이지요. 하지만 아이는 하루 종일 엄마의 질문을 생각하고 학교에서 누가 자기를 괴롭히는지를 살피고 조금이라도 비슷한 행동을 하면 예민하게 반응하는 아이가 되었다고 합니다.

엄마가 아이의 학교생활, 친구 관계에 대해 관심을 가지고 살펴야 하는 것은 맞습니다. 하지만 직접 조사하듯이 물어보는 것은 좋은 방법이 아닙니다. "엄마는 오늘 ○○ 엄마를 만났는데 기분 좋았어. 너는 학교에서 재미있는 일 없었어?"라든지 "오늘은 날씨가 별로라 기분도 별로던데, 넌 어땠어?" 하면서 대화를 하다가 자연스럽게 학교생활을 말하게 하는 게 좋습니다.

초등학생의 학교폭력은 우발적인 다툼이나 친구 관계에서 시작되는 경

우가 많습니다. 그런 상황에 닥칠 경우를 대비해서 집에서 역할극을 통해

연습해보면 훨씬 도움이 됩니다. 그 사람이 되어보면 상대방의 감정도 느낄

수 있기 때문입니다. 또는 학교에서 있었던 다른 아이들의 싸움이나 폭력에

대해 아이가 얘기하면 "그래? 그런 일이 있었어? 그럼 그럴 때 넌 어떻게 할

것 같아?" 하고 물어보고 "엄마는 그럴 땐 이렇게 하는 게 좋겠어"라고 의견

을 제시하는 것이 신고를 강조하는 예방 교육보다 학교폭력의 예방에 훨씬

도움이 됩니다.

4장

피하고 싶은,
겪게 되면
두려운 과정들

- 전문가의 도움 받기 -

. . .

"바로 어제까지만 해도 자신 역시 소년법 따윈 필요 없다는 의견을
가지고 있었던 것이다. 어른이건 미성년자건 죄를 범한 자에게는 그
에 합당한 보상을 하게 해야 한다고 생각했고, 더구나 살인이라는 무
거운 죄일 경우에는 사형에 처하면 된다는 견해였던 것이다."

－《붉은 손가락》(히가시노 게이고) 중에서

법률 전문가의 도움을 받고 싶다면

- 법률 상담 요청하기 -

**❝ 아는 변호사도 없고
비용도 많이 든다는데,
어떡하죠? ❞**

우리에게 법은 모든 행동의 잘잘못을 가리는 잣대나 다름없습니다. 그래서 '법대로 하자'고 말하고, 법이 모든 걸 해결해줄 것이라 기대합니다. 학교폭력에서도 마찬가지입니다. 그래서 학폭위가 열린다는 연락을 받으면 변호사를 먼저 구해야 하는지를 고민하고, 실제로 학폭위에 변호사를 대동하고 나타나는 부모들도 있습니다.

학폭위는 교육적 차원에서 내려지는 처분이지 법적 처분과는 다릅니다. 변호사는 제3자로, 학부모에게 위임을 받아 학폭위 자리에 참석할 수는 있지만 자녀를 위해 마련된 자리에는 변호사가 아닌 부모가 직접 참석할 것을 권유합니다. 학폭위에 참석한 내 모습을 아이가 보고 있고 학교 관계자가 보고 있습니다. 아이는 자기를 위해 어렵고 불편한 자리에 있는 부모를 보며 반성을 하고 부모에 대한 신뢰도 쌓습니다. 자기 때문에 부모가 겪지 않아도 될 일을 겪고 있다는 생각에 다시는 그런 행동을 하면 안 되겠구나 하고 결심합니다.

하지만 학폭위에서 끝나지 않고 검찰이나 법원으로 사건이 이관된다면 법률적 도움이 필요합니다. 법을 잘 모르니 이후의 절차에서 부모가 뭘 어떻게 해야 하는지 몰라 난감해하다가 중요한 것을 놓칠 수 있기 때문입니다.

변호사를 선임하려면 비용적인 측면도 생각해야 하는데, 여간 부담스럽지 않습니다. 하지만 다행히도 학교폭력과 관련해서 무료로 법률 전문가의 도움을 받을 수 있는 곳이 있습니다. 푸른나무재단(청예단)의 무료 법률 상담, 대한법률구조공단, 삼성법률봉사단입니다.

푸른나무재단(청예단)은 서울지방변호사회가 함께하는 '청소년지킴이변호사단 법률 상담'을 하고 있습니다. 변호사가 자원봉사로 법률 상담을 해주며, 미리 예약을 하고 월요일 오후 2~5시에 방문해서 상담을 받을 수 있습니다. 이메일로 사건 경위를 자세히 쓴 신청서를 작성하고 담당자와 전화로 시간을 정합니다. 다만 법률 상담만 해줄 뿐 소송을 직접 대행해주지는 않습니다.

대한법률구조공단은 방문상담 예약제로 공단 홈페이지(www.klac.or.kr), 전화(국번 없이 132), 방문을 통해 희망일자 하루 전까지 선착순으로 예약할 수 있습니다. 예약 없이 방문할 경우 10분 정도의 간단 상담만 받을 수 있으나 10분으론 상담이 부족하니 예약하고 충분한 상담을 받길 권합니다. 서울중앙지부에서 실시하는 수요 야간 상담 및 토요 상담도 예약제로 운영하니 서울중앙지부 구조3팀으로 예약하고 방문하면 됩니다.

삼성법률봉사단은 전화(02-2096-2712), 팩스, 우편, 홈페이지(www.slas.or.kr)를 통해 상담 시간을 예약할 수 있습니다. 법률 상담 신청서 양식은 홈페이지 자료실과 봉사단 사무실에 있습니다. 상담 시간은 매일 오전 8시 30분부터 오후 5시 30분까지이고 토요일, 일요일, 법정공

학교폭력 관련 무료 법률 상담 기관 ✓

기관명/상담명	상담 방법	연락처
푸른나무재단(청예단) 무료 학교폭력 법률 상담	• 예약제: 전화 상담 후 신청서를 이메일로 전송 • 월요일 오후 2~5시에 방문 상담	전화: 070-7165-1050
대한법률구조공단	• 예약제: 홈페이지, 전화, 방문을 통해 희망일자 하루 전까지 선착순 예약 • 수요 야간 상담, 토요 상담도 운영(서울중앙지부)	전화: 국번 없이 132 홈페이지: www.klac.or.kr
삼성법률봉사단	• 예약제: 홈페이지, 전화, 우편을 통해 예약 • 평일 오전 8시 30분~오후 5시 30분에 방문 상담	전화: 02-2096-2712 홈페이지: www.slas.or.kr

휴일에는 상담이 불가능합니다. 상담 신청 접수는 오후 5시 30분까지입니다.

모든 법적 처리 과정은 사례별로 다르며, 무엇보다 담당 검사와 판사에 따라 다르기 때문에 법률 자문을 받은 내용과 똑같이 전개되지 않을 수 있습니다. 그리고 당사자인 아이와 부모가 어떻게 판단하고 대처하느냐에 따라 처분도 달라집니다. 소년재판을 하는 판사의 말에 의하면 가해학생이어도 얼마만큼 사태를 잘 인식하고 있는지, 반성의 정도와 화해를 위한 노력은 얼마나 했는지에 따라 처분의 정도가 달라진다고 합니다.

혼자 걱정하지 말고 적극적으로 도움을 요청하십시오. 전문가와 상담하면 고민과 걱정이 한결 덜어집니다.

02

정당방위가
쌍방폭행이 될 수도 있다

- 정당방위와 쌍방폭행 구분하기-

❝ 상대가 때려서 나도 때렸다면
정당방위가 당연하죠. ❞

일방적으로 맞기만 하던 아이가 자기를 때리던 아이를 밀치거나 서로
때렸는데 먼저 때린 아이가 신고를 해서 가해자가 되는 경우를 전화로
자주 듣습니다. 그 부모들은 억울한 마음을 토로하면서 이렇게 물어봅
니다.

"누가 때리면 가만히 맞기만 하라고 해야 합니까?"

초등학교 5학년 학생이 이런 말을 하는 걸 들었습니다.

"상대가 때려서 나도 때렸다면 정당방위예요."

만약 내 아이가 이렇게 말한다면 뭐라고 할 건가요?

대답을 하기 전에 어디까지가 정당방위이고, 쌍방폭행의 범위는 어디까지인지부터 알아봐야겠습니다.

정당방위의 성립 조건을 알아두세요

정당방위는 형법 제21조(정당방위)에 다음과 같이 정의되어 있습니다.

> ① 자기 또는 타인의 법익에 대한 현재의 부당한 침해를 방위하기 위한 행위는 상당한 이유가 있는 때에는 벌하지 아니한다.
>
> ② 방위 행위가 그 정도를 초과한 때에는 정황에 의하여 그 형을 감경 또는 면제할 수 있다.
>
> ③ 전항의 경우에 그 행위가 야간 기타 불안스러운 상태하에서 공포, 경악, 흥분 또는 당황으로 인한 때에는 벌하지 아니한다.

다음 페이지의 만화는 2011년에 경찰청이 배포한 '쌍방폭행 정당방위 처리 지침'을 근거로 시사만화가 '야채빵맨'이 제작한 '한국 경찰이 제시하는 정당방위 성립 조건'입니다. 만화에도 설명되어 있지만 상대가 때려서 같이 때렸기 때문에 정당방위라는 말은 맞지 않습니다. 방어를 한다며 때리다가 감정 조절이 되지 않아 공격하게 된다면 쌍방폭행

한국 경찰이 제시하는 정당방위 성립 조건(by 야채빵맨) ✓

이 됩니다.

그럼 이런 일로 학교폭력이 발생하면 어떻게 할까요? 자녀에게 뭐라고 해야 할까요?

친구가 일방적으로 때린다면 피하는 것이 먼저입니다. 물론 힘으로 제압하며 때리는 경우엔 피하기도 쉽지 않을 것이니 방어를 하되, 그 상황에서 벗어나 교사나 어른에게 도움을 요청해야 합니다. 소리를 쳐서 주변에 알리는 것도 방법입니다. 그 자리를 피한다는 것은 도망가는 것이 아니라 현명하게 대처하는 방법임을 아이들에게 알려주어야 합니다.

경찰서에 신고된
아이는 전과자가 될까?

- 학교폭력 신고의 명암 -

❝ 학교폭력 가해자로 친구를 경찰서에
신고하면 그 아이가 전과자가
되는 거 아니에요? 전 그런 줄
알아서 신고하지 않았어요. ❞

미성년자인 학생들 사이에 폭력이 발생하면 내 아이만 생각해서 행동하는 부모도 있지만, 자기 자식 키우는 마음으로 상대 아이를 생각하는 부모도 있습니다. 지인의 소개로 연락을 해온 피해학생의 어머니는 이렇게 말했습니다.

"학교폭력 가해자로 경찰서에 신고하면 그 아이가 전과자가 되는 거 아니에요? 전 그런 줄 알아서 신고하지 않았어요."

이 어머니의 걱정대로 만 14세면 형사 처분이 가능한 나이인 건 맞습니다. 저 역시 아들이 만 14세였을 때 학교폭력으로 경찰서에 신고되었는데, 벌금형이나 형사 처분을 받는 줄 알았고 당연히 전과자가 되는 줄 알았거든요.

경찰서에 신고를 하고 경찰 조사를 받을 경우 요즘은 그냥 훈방되는 경우가 드뭅니다. 만 14세 미만은 소년재판으로, 만 14세 이상은 검찰로 사건이 넘어갑니다. 검찰에서 조사를 해서 기소가 된다면 죄가 무거울 경우 형사법원에서 징역형을 받을 수 있고, 죄가 가벼울 경우는 소년재판을 받게 됩니다. 미성년자의 경우 초범인지, 반성이나 화해의 노력을 얼마나 했는지, 개선의 가능성이 있는지 등을 고려합니다. 또 죄는 있으나 정황을 참작해 다시 한 번 성실하게 살아갈 기회를 주려고 검사가 기소하지 않고 용서해주는 기소유예 처분을 내리기도 합니다. 소년재판을 받고 처분이 내려지고 그 처분을 이행하더라도 형사 처분을 받지 않는 한 전과자가 되지 않습니다. 경찰 기록은 수사 기록이 남기는 하지만 3년 이후엔 삭제됩니다.

전화 상담을 해온 어머님은 가해학생은 폭력을 휘두르고도 전혀 반성하지 않고 당당하게 학교생활을 하는데, 맞은 우리 아이는 다시 그런 일이 생길까 봐 불안해하면서 숨죽이고 산다고 말했습니다. 저는 그 어머니께 말씀드렸습니다. 경찰서에 신고를 해서 가해학생과 그 부모가 조사를 받으면 학교에서 학폭위를 여는 것과는 다르게 받아들여질 것이라고 말입니다. 가해학생에게는 경찰서에 가서 자신의 행동이 잘못

되었음을 깨닫고 다시는 그러지 말아야겠다고 느끼는 과정이 될 수 있습니다. 하지만 무엇보다 내 아이가 원하는 것이 무엇인지부터 확인해봐야 합니다.

신고된 이후에 겪게 될 일에 대해서도 얘기해주어야 합니다. 억울함을 없애고 마음에 상처를 남기지 않기 위해 무언가를 해야겠다면 그 무언가를 하면서 생기는 어려움도 감수해야 한다고 말입니다. 만약 그렇게까지 하길 원치 않는다면 아이의 마음을 잘 살펴주어야 합니다. 학교생활은 아이가 하는 것이기에 가해학생을 보는 것도 그로 인한 상황도 아이가 이겨내야 하기 때문입니다.

신고를 너무도 당연하고 쉽게 생각하는 부모가 있는가 하면, 혹시라도 한 아이의 인생에 큰 걸림돌이 될까 우려해 가해학생을 신고하지 않은 피해학생의 어머니를 보며 어느 게 정답일까 싶었습니다. 남의 아이를 생각하다 오히려 내 아이가 상처받게 되었다면서 이제라도 뭔가 하고 싶은데 엄두가 나지 않아 전화 상담을 신청한 그 마음이 안타까웠습니다. 상담 이후에 어떤 결정을 내렸는지 알 수 없지만, 그 결정을 하기 위해 고민한 시간들, 아이와 얘기한 과정은 분명 아이와 부모 모두에게 앞으로의 상황에 대처하는 힘을 키워줄 것입니다.

소년법을 폐지하면
일어날 일들

- 소년법과 UN 아동권리협약 -

❝ 우리를 어른 범죄자와
함께 지내게 하면 안 됩니다. ❞

한국에서 법적 미성년자가 극악한 범죄를 저지를 때마다 소년법 폐지
가 거론되고 있습니다. 인천에 사는 한 여중생이 성범죄 피해자가 되고
2차 피해로 괴롭힘을 당하다가 자살하는 사건이 있었는데, 그 친언니가
청와대 사이트 내 '국민청원'에 사연을 올려서 20만 명이 넘는 사람들
의 지지를 받았다고 합니다. 소년법을 폐지하면 현실적으로 모든 일이
해결될까요? 소년법을 폐지하면 어떤 일이 벌어질까요?

소년법을 폐지하면 우선, UN 아동권리협약에 위배됩니다.

UN 아동권리협약 ✅

34조 **성폭력 및 성적 학대로부터의 보호**: 우리를 성적으로 학대하거나 성과 관련된 활동에 우리를 이용해서는 안 됩니다.

35조 **아동 유괴 및 매매 등의 방지**: 정부는 우리가 유괴를 당하거나 물건처럼 사고 팔리지 않도록 모든 노력을 다해야 합니다.

36조 **모든 형태의 착취로부터의 보호**: 정부는 우리를 나쁜 방법으로 이용해 우리의 복지를 해치는 어른들의 모든 이기적인 행동으로부터 우리를 보호해야 합니다.

37조 **고문·부당한 대우·부당한 처벌 등으로부터의 보호**: 우리에게 사형이나 종신형 등의 큰 벌을 내릴 수 없으며 우리를 고문해서도 안 됩니다. 우리를 체포하거나 가두는 일은 최후의 방법으로 선택해야 합니다. 우리는 갇혀 있는 동안 가족과 만날 권리가 있으며, 우리를 어른 범죄자와 함께 지내게 하면 안 됩니다.

UN 아동권리협약은 18세 미만 아동의 권리를 담은 국제적인 약속으로, 1989년 11월 20일 UN에서 만장일치로 채택됐습니다. 현재 한국을 포함한 전 세계 196개국이 가입한 상태입니다.

어린이 범죄자 보호에 관한 조항 37조에는 이런 내용이 있습니다.

'우리에게 사형이나 종신형 등의 큰 벌을 내릴 수 없으며 우리를 고

문해서도 안 됩니다. 우리를 체포하거나 가두는 일은 최후의 방법으로 선택해야 합니다. 우리는 갇혀 있는 동안 가족과 만날 권리가 있으며, 우리를 어른 범죄자와 함께 지내게 하면 안 됩니다.'

그런데 만약 소년법이 폐지되면 만 14세부터 만 18세까지의 소년에게 사형 및 종신형을 선고할 수 있게 됩니다. 이는 UN 아동관리협약에 전적으로 위배됩니다. 국제사회의 일원으로 한국이 지금껏 비준한 각종 인권 조약과 정면으로 충돌하게 되는 것입니다.

소년법을 폐지하면 소년원이 아닌 소년교도소로

한국에서 소년법을 폐지하겠다는데 국제협약이 뭐가 중요하느냐고 할 수 있겠지만 그렇게 간단한 문제가 아닙니다. UN의 인권 관련 규약이 국회에서 비준된 경우에는 국내법보다 우위에 있을 뿐만 아니라 헌법에 준하는 효력이 있다는 것이 학계의 통설입니다.

아동의 권리에 관한 협약은 미국을 제외한 전 세계 모든 UN 가입국이 비준했고, 미국 역시 연방대법원에서 '만 18세 미만에게 사형과 가석방 없는 종신형을 선고하는 것은 위헌(미국 헌법 위반)'이라고 판결했기 때문에 전 세계 어느 나라도 범행 당시의 나이가 만 18세 미만인 미성년자에게는 사형과 가석방 없는 종신형을 선고하지 않습니다.

37조에 '우리를 어른 범죄자와 함께 지내게 하면 안 됩니다'라는 내용이 있는데, 소년법을 폐지할 경우 이 내용은 어떻게 지켜질까요? 성인범죄자 수용 시설인 교도소가 아닌 소년교도소에 보내야 합니다. 소년원은 소년보호 처분으로 교정 및 교육을 하기 위해 설치된 기관이며 이후 생활에 영향을 미치지 않습니다. 정확히 말하면, 전과 기록으로 남지 않습니다. 그러나 소년교도소는 소년형사사건으로 형사재판을 통해 징역 등의 형사 처분을 집행하는 기관이며 전과 기록이 남습니다. 결과적으로 차이가 아주 크지요.

한국에는 소년교도소가 하나 있습니다. 대구지방교정청 소속의 김천소년교도소가 소년교도소로는 유일합니다. 소년법을 폐지해서 형을 집행하면 소년원이 아닌 소년교도소에 보내야 하는데, 하나뿐인 소년교도소로는 수용되지도 않습니다. 현재도 과밀 수용하고 있습니다.

시설을 늘리는 것으로 수용 문제는 해결되겠지만, 어린 나이에 폐쇄된 시설에서 가족과 떨어져 지내면 교정과 교화가 되지 않습니다. 즉 처벌을 하고 시설에 수용하는 것으로는 재범을 막지 못합니다. 소년법 폐지를 논하려면 이처럼 현실적인 문제와 그 대안도 충분히 논의해야 합니다.

소년법을 폐지하면 형법을 적용받습니다

둘째, 소년법을 폐지하면 형법 적용을 받습니다. 형법 제2장 제1절 제9

조(형사미성년자)에는 '14세 되지 아니한 자의 행위는 벌하지 아니한다'라고 되어 있습니다. 형법에서도 14세 미만은 형사미성년자로서 행위를 벌하지 않게 되어 있는 것이지요. 소년법을 폐지한다고 14세 미만의 형사미성년자를 성인과 똑같이 처벌할 수는 없습니다. 그러려면 형법도 개정해야 합니다.

그럼 만 14세 미만의 형사미성년자는 죄를 저질렀을 경우 어떻게 처리될까요?

만 19세 미만의 미성년자는 나이에 따라 처벌 여부가 달라집니다. 미성년자라서 무조건 처벌을 받지 않는 것은 아닙니다. 미성년자에 대한 형 감경에 대한 내용은 '소년법', '특정강력범죄 처벌법'에 있습니다.

'특정강력범죄의 처벌에 관한 특례법' 중 제4조(소년에 대한 형)에는 '①특정강력범죄를 범한 당시 18세 미만인 소년을 사형 또는 무기형에 처하여야 할 때에는 소년법 제59조에도 불구하고 그 형을 20년의 유기징역으로 한다'는 내용이 있습니다. 특정강력범죄의 처벌에 관한 특례

소년 사법 처리 대상과 처벌 여부 ✅

나이	형사 처벌	보호 처분
만 10세 미만	×	×
만 10세 이상~만 14세 미만(촉법소년)	×	○
만 14세 이상~만 19세 미만(범죄소년)	○	○

법에서는 존속살해, 위계 등에 의한 촉탁살인, 강간치상, 인질강도 등을 특정강력범죄로 보고 있습니다.

형사 재판은 살인이나 성범죄를 저질렀을 경우에만 받습니다. 또한 사형이나 무기징역에 해당하는 중범죄의 경우에도 18세 미만은 징역 15년이 최고 형량이며, 특정강력범죄는 징역 20년까지입니다. 그래서 인천 초등학생 살인범이었던 미성년자에게 최고 형량인 징역 20년이 선고된 것입니다. 일부에선 20년의 형량도 너무 가벼운 처벌이라고 합니다. 그렇게 생각할 수 있습니다. 내 아이가 피해자라면 충분히 그럴 것입니다. 그러니 소년법을 폐지할 것이 아니라 특정강력범죄 특례법의 형을 상향 조정하면 됩니다. 전체 미성년자 범죄 중 2~5%에 해당되는 강력범죄의 범위를 전체로 확대한다면 나머지 95%의 소년법으로 처분 가능한 아이들도 모두 전과자가 되는 것입니다. 그러니 강력범죄와 일반 비행범죄를 나누어서 처벌하는 방법을 구체적으로 고민하고 결정하는 것이 좋겠습니다.

사람들은 범죄자를 혐오합니다. 소년범도 예외가 아닙니다. 하지만 미성년자에게는 갱생의 기회를 주어야 합니다. 그렇게 하지 않으면 아이들의 마음에 사회에 대한 불신이 생길 것입니다. 처벌이 약해서 반성을 하지 않거나 재범을 하는 것이 아닙니다. 사람은 처벌만으로 교정되지 않습니다. 정말 자신의 행동이 어떤 결과를 낳았고, 그로 인해 남이 겪는 고통이 얼마나 큰지를 알아야지만 진정으로 반성하고 다시는 죄를 짓지 않습니다.

소년법을 폐지하면 형법상 사형 또는 무기징역 선고를 18세 이상에게 할 수 있습니다. 성인과 똑같이 처벌한다면 18세 이상의 청소년에게 참정권도 주어야 합니다. 이것이 평등 원칙, 법치주의 원칙입니다.

참정권의 나이를 낮추는 것에 대해선 아이들이 뭘 아느냐고 하고, 처벌에 있어서는 어리지 않다고 하는 이중 잣대를 우리는 가지고 있습니다. 소년법 폐지를 논하기 전에 민주사회에 대한 근본적인 논의를 먼저 해야 합니다.

범죄소년들을 꾸준히
살필 수 있는 시스템이 절실하다

· · ·

우리나라에서는 1989년 7월 1일부터 만 19세 이하의 소년에 한하여 보호관찰 제도가 실시되었습니다. 이 제도는 1841년 미국 보스턴시의 제화공이며 금주협회 회원이던 존 어거스터스가 알코올의존증인 범죄인을 자기 보증하에 석방시켜 보호 선도한 활동에서 시작되었습니다.

소년부 판사는 심리 결과 보호 처분을 할 필요가 있다고 인정되면 1호부터 10호까지의 처분을 내릴 수 있습니다. 그중 4호는 보호관찰관의 단기 보호관찰(6개월)이고, 5호는 보호관찰관의 장기 보호관찰(2년)입니다. 소년원을 '○○소년원'이라고 하지 않고 '○○학교'로 부르는 것처럼 보호관찰소역시 '준법지원센터'로 2017년부터 바꿔 부르고 있습니다.

제가 만난 사회복지사는 이런 변화를 긍정적으로 생각하고 있었습니다. 그는 "1990년 처음 실습을 받을 당시엔 소년원을 갱생보호소라고 불렀으며, 건물도 허름하고 체계적이지 않았다"고 회상했습니다.

Q. 한 명의 보호관찰관이 담당하는 아이들은 얼마나 되나요?

A. 보호관찰관 한 사람이 맡은 아이들이 150명 내외예요. 너무 많아서 관리가 잘되지 않아요.

(생각보다 많은 숫자에 놀랐습니다.)

Q. 현재 만나는 아이는 어떤 아이인가요?

A. 보호관찰이 두 번째인 아이예요. 술 먹고 절도를 저질러서 분류심사원에 4주 동안 가 있었죠. 재범이니까. 판사 앞에서 잘못 말했다가는 소년원으로 직행할 수 있는 순간에, 정말 잘하겠다고 호소를 해서 다행히 소년원에 안 가고 보호관찰 2년을 선고받았어요. 내년 5월에 보호관찰이 끝나요.

Q. 보호관찰소는 소년원처럼 격리 수감하는 시스템이 아닙니다. 그럼 어떻게 보호관찰을 하나요?

A. 아이들의 범죄 경중에 따라 다르지만 어떤 아이는 두 달에 한 번, 어떤 아이는 6개월에 한 번, 어떤 아이는 1년에 한 번 만나서 체크를 해요. 아이마다 방문 기간이 다 다른데 깊이 있는 면담은 안 돼요. '너 요새 어떻게 지내냐?

사고 안 치냐?' 이렇게 간략하게 물어요. 연락이 안 되고 잠수 타는 아이들

도 있어요. 그러면 보호관찰 담당자는 강제권이 있으니까 찾아간다든지 가

끔 부모하고도 연락하죠.

(보호관찰 담당자는 대상 아이들이 야간 외출 및 특정 지역 출입 제한 등의

보호관찰 준수 사항을 잘 지키는지를 지도하고 감독하는 활동을 합니다. 그

런데 150명 내외의 아이들을 담당하다 보니 관리가 잘 안 된다고 합니다.

무엇보다 담당자가 1년에 한 번 정도로 자주 바뀌다 보니 아이들을 꾸준히

살필 수 없다며 아쉬워했습니다. 아이들이 관찰 담당자에게 거짓말을 해도

확인할 길이 없고, 시간도 부족한 현실적인 제약이 있었습니다. 담당자의 열

의는 기대할 수 없는 형편이었습니다.)

Q. 복지사 님은 보호관찰소에서 구체적으로 어떤 일을 하시나요?

A. 담당자들에게 상담일지를 보내요. 아이들을 한 번 만나면 두 시간 정도

상담하는데 나 같은 경우는 꼼꼼하게 쓰니까 그 아이의 중요한 삶의 이슈들

은 보게 되죠. 우리는 상담사의 마인드로 아이들을 공감하고 지지하고 격려

하고 있어요.

Q. 보호관찰관에 대해 바뀌어야 할 부분이 있다면 무엇일까요?

A. 사실은 굉장히 중요한 임무를 맡고 있는데도 우리의 처우에 대한 위상이

미미해요. 개선되어야 하죠.

(보호관찰관의 과다한 업무량, 아이들과 상담하는 능력을 키울 수 없는 구

조는 보강되어야 할 부분이라는, 현장의 경험자다운 대안을 제시하며 인터

뷰를 마무리했습니다.)

05

형사조정은 무엇이고
어떻게 진행될까?

- 소년사법처리 절차 중 형사조정 과정 -

66 합의할 의향이 있으시면
저희가 조정해드릴 수 있어요. **99**

만 14세 이상의 학생이 학교폭력으로 경찰에 신고되면 검찰로 송치됩니다. 형사미성년자를 벗어난 미성년자이기에 경찰서에서 조사를 받을 땐 보호자가 동행해야 하는데, 경찰서에서 조사를 받는 것은 아이에게도 부모에게도 힘든 일입니다. 경찰서에서 사건이 해결되면 다행이지만 검찰로 송치되면 검찰에서 검찰 출두를 알리는 연락이 옵니다.

제 아들의 경우 4개월이 지나서야 검찰 출두 일정이 결정되었습니다. 담당 검사가 연락을 해와서 형사조정을 하겠느냐고 물었습니다. 형사조정위원들과 함께 피해학생의 부모와 가해학생의 부모가 만나 조정하는 시간을 가진다고 했습니다. 형사조정위원들은 법원에 종사한 경험이 있는 자원봉사자들입니다. 제 아들의 형사조정에는 세 명의 조정위원들이 참석했습니다. 조정위원들은 검찰로 넘어온 서류를 보며 양쪽의 얘기를 듣고 궁금한 것은 물어보기도 합니다.

아래에 있는 소년사법처리 절차는 경찰에서 검찰로 송치된 후에 있을 수 있는 과정들입니다. 형사조정은 가해학생 측이 피해학생 측에 사과를 하는 것은 기본이고, 서로 얘기를 나누고 합의를 하는 과정이기도 합니다. 우리의 경우는 한 번이 아닌 두 번 조정을 했습니다. 처음엔 피해학생의 부모가 합의금을 얼마를 해야 할지 모르겠다며 병원에 가서 확인해야 한다고 했습니다. 2주 후에 다시 열린 형사조정에서는 1차 조정 때와는 다른 조정위원들이 참석했고, 피해학생의 부모가 예상보다 너무 큰 합의금을 요구해 결국 합의가 이뤄지지 않았습니다. 그 결과

소년사법처리 절차 ✅

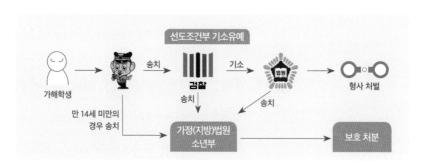

제 아들은 기소되어 가정법원으로 송치되었습니다.

검찰에서의 처리 과정을 보면 '2인 이상이 가해한 특수폭행'은 반의사불벌죄(피해자가 가해자의 처벌을 원하지 않는다고 하면 처벌할 수 없는 범죄)에 해당되지 않아 불기소 처분이 되지 않습니다. 그 당시엔 알지 못했습니다. 원만히 합의를 보면 불기소 처분이 되는 줄로만 알았습니다. 그래도 조정에서 합의가 되면 법원으로 송치되어 소년재판을 받을 때 참작되어 처분이 조금이라도 가벼워질 수 있습니다. 법원에서 가장 중요하게 보는 것이 합의이기 때문입니다.

검찰에서의 소년사건의 처리 ✅

- 경찰로부터 사안을 송치받은 검사는 학교폭력 사안을 조사한다.
- 친고죄 또는 반의사불벌죄에 해당하는 사안인 경우 피해학생이 고소를 취하하거나 처벌을 원하지 않으면 가해학생을 처벌할 수 없으므로 불기소 처분으로 수사를 종료한다. 단, 상습적이거나 흉기 등 위험한 물건을 휴대하거나 2인 이상이 가해한 특수폭행, 협박 및 만 19세 미만의 자(만 19세에 도달하는 해의 1월 1일을 맞이한 자는 제외)에 대한 강간, 강제추행 등은 종료될 수 없다.
- 사안 조사 후 검사는 불기소 처분, 형사기소 또는 가정법원 소년부 송치를 결정한다.

형사조정 과정에서 원만히 합의가 된다면 기소유예로 검찰에서 종결됩니다. 형사조정위원들이 합의금 조정을 해주거나 합의에 대한 결정을 할 수 있도록 양쪽을 배려합니다. 우리의 경우, 피해학생의 부모가 무리한 합의금을 요구하자 조정위원들이 "이쪽 부모님들도 그렇게 많은 돈을 한꺼번에 주기는 힘들 거예요. 수술을 할 경우 나중에 받을 수도 있어요. 서류를 그렇게 작성해놓으면 돼요"라고 조정해주었습니다. 또는 "의논하실 시간이 필요하실 테니 잠깐 밖에 나가 계시죠", "저쪽 어머니는 얼마 이하로는 합의하지 않으실 거예요. 그 금액으로 합의할 의향이 있으시면 저희가 조정해드릴 수 있어요"라며 판단할 시간을 마련해주고 결정할 수 있도록 조언을 해주었습니다. 한쪽 말만 듣는 것이 아니라 중립을 지키면서 사건이 원만히 해결될 수 있도록 도와주었습니다.

물론 합의는 중요한 과정입니다. 하지만 입장이 서로 다르기에 합의 과정이 원만하지 않아 중재자가 필요한 것입니다. 피해자 측과 가해자 측이 같이 만나는 자리에서 법조계에 종사한 경험이 있는 제3자가 중재를 하기 때문에 감정적으로 대립하기보다 이성적으로 판단할 수 있습니다.

06

공탁을 꼭 해야 할까?

- 복잡하고 까다로운 공탁 과정 -

❝ 합의가 되지 않았으나
합의할 의사가 있다는 의미로
공탁을 하는 거예요. **❞**

검찰에 사건이 기소되면 사과와 함께 손해배상을 결정하는 합의 과정을 거치게 됩니다. 손해배상은 피해 정도를 금액으로 환산해 피해학생의 부모가 제시합니다. 이때 원만히 합의되지 않으면 사건은 가정법원으로 이관됩니다.

피해학생의 부모가 원하는 금액과 가해학생의 부모가 줄 수 있는 금액이 다르면 합의는 원만하게 진행되지 않습니다. 가해학생의 부모가 합의를 원하지 않은 것은 아니지만 결론적으론 합의가 되지 않은 것이

지요. 그럴 때 차선으로 할 수 있는 일이 공탁입니다.

공탁으로 합의 의사가 있음을 표현할 수 있어요

공탁이란 법령의 규정에 의해 금전, 유가증권, 기타 물품을 공탁소(은행 또는 창고업자)에 맡기는 것입니다. 합의가 되지 않았으나 합의를 원한다는 의미로 공탁을 합니다. 채무를 갚으려고 하지만 채권자가 이를 거부하거나 채권자를 알 수 없는 경우, 상대방에 대한 손해배상을 담보하려는 경우, 타인의 물건을 보관하려는 경우에 많이 합니다.

제가 찾아간 변호사는 공탁을 하는 것이 좋겠다고 했습니다. 피해학생 측에서 수령해 간다면 법원의 판사가 이를 참작한다고 했습니다. 물론 결과는 예측과 다르게 흘러가기도 합니다. 저의 경우, 피해학생의 부모가 자신이 요구한 피해보상 금액보다 공탁금이 턱없이 적다며 화가 나서는 끝까지 민사로 진행하겠다고 했으니까요. 사실 판사조차 요구 금액보다 공탁금이 적다며 피해학생의 부모가 수용하겠느냐고 되묻기도 했었습니다.

과정도 까다롭고 결과도 예측할 수 없지만…

공탁 과정은 생각보다 쉽지 않습니다. 우선 해당 법원에서 사건번호로 사건과 관련된 서류의 발급을 신청합니다. 해당 서류가 발급되면 그걸 가지고 관할 검찰청으로 갑니다. 피해학생의 정확한 주소를 알아야 우편이 배송되기에, 검찰청에 법원의 서류를 제출하면 주민센터에서 주소를 확인할 수 있는 법원 명령서를 발부해줍니다. 제3자가 개인정보를 알려고 하는 것이니 그에 대한 증빙서류인 것입니다. 사실 저는 검찰에서 발부해준 법원 명령서를 들고 주민센터(그때는 동사무소였습니다)에 가는 것 자체도 힘들었습니다. 마치 '나는 죄인입니다'라고 보여주는 서류처럼 느껴졌습니다.

피해학생의 주소를 확인하면 다시 검찰로 와서 공탁 서류를 작성합니다. 서류 작성이 많이 까다롭지만 처음부터 자세히 알려주는 사람이 없습니다. 그래서 눈치코치를 다 동원해 작성해서 제출하면 담당자가 쓱 훑어보고는 "이 부분 고쳐서 오세요"라고 합니다. 그 부분을 고쳐서 다시 가져가면 또다시 "이 부분은 이렇게 쓰세요" 합니다. 저도 정말 여러 번 고쳤습니다. 그렇게 서류 작성이 통과되면 접수를 하고, 마지막으로 검찰청 내부에 있는 은행에 공탁금을 서류와 같이 제출하면 은행에서 공탁금이 예치되었음을 증명하는 종이를 줍니다.

이로써 꼬박 하루가 걸려 공탁 과정이 마무리됩니다. 이후에 피해학생의 부모에게 공탁금을 찾아가라는 우편물이 전달되지만 공탁금을 찾아가지 않을 수도 있습니다. 공탁금을 찾아가야 법원에서 참작을 하는데 말입니다. 피해학생의 부모가 공탁금을 일정 기일까지 찾아가지 않으면 국가로 환수됩니다. 공탁을 걸었던 당사자가 되찾아올 수 있는 것이 아닙니다.

공탁금은 정해진 금액이 없습니다. 피해학생의 부모가 수용할 금액이고, 피해학생의 부모가 찾아간다면 법원에서 참작하겠지만 그렇지 않을 경우 사라지는 돈입니다. 제 경우처럼 전혀 도움이 되지 않을 수도 있고, 오히려 부작용이 생기는 일도 있습니다.

주변의 전문가에게 도움을 받을 수는 있지만 최종 판단은 본인의 몫입니다. 그 결과가 어떻게 될지는 법률 전문가도 알 수 없습니다. 그러니 신중하게 생각하고, 이후 생각하지 못한 결과가 생길 수도 있다는 사실까지 염두에 두었으면 합니다.

학폭위에 갈 땐
변호사 선임이 필수?

- 학교폭력 사건에서 변호사 선임의 의미 -

❝ 학폭위가 열린다는 연락을 받았는데
변호사를 선임해서
같이 참석해야 할까요? ❞

학폭위 전담 변호사라며 전단지를 돌리는 변호사들이 있습니다. 그렇다 보니 마치 학폭위 열리는 날에 변호사와 함께 가야 내 아이가 불이익을 덜 당할 것 같다는 생각을 하게 됩니다. 그런데 학폭위는 피해학생과 가해학생의 관계를 회복하고 학생들을 선도하는 것이 목적입니다. 처벌이 중심이 되어버린 요즘의 학폭위 분위기 때문에 이런 장면까지 등장하는 것 같은데, 변호사 동행과 관련해서 특별한 조항은 없지만 단위학교에 따라 다릅니다.

학교폭력에 대한 모든 내용은 '학교폭력 예방 및 대책에 관한 법률'에 정해져 있지만 일반인에게 법은 어렵고 두려운 대상입니다. 법을 몰라 불이익을 당하지는 않을까 염려되고, 학교를 벗어나 경찰서, 검찰, 법원으로 사건이 넘어가면 전문가의 도움이 필요할 수 있습니다. 그러나 심의 결정을 할 때는 비밀 유지가 필요하기 때문에 변호사는 회의실에서 나가 있어야 합니다. 학폭위가 열리기 전에 부모 의견서를 제출할 수 있어 변호사를 선임해서 의견서를 대리 작성하는 경우도 있지만, 사안에 대한 다각적인 조사를 통해 조치 결정이 내려지기 때문에 의견서는 의견서 이상의 역할을 하지 못합니다.

변호사 선임이 최선일까요?

전화 상담을 하다 보면 법률 자문이 필요한 경우가 분명히 있습니다. 피해학생의 부모가 손해배상을 막무가내로 요구하면 어떻게 대처해야 할지 막막해지면서 전문가의 중재가 필요해질 수 있습니다. 그럴 때 변호사를 선임하면 도움을 받을 수 있습니다.

변호사를 선임했다는 것은 변호사에게 모든 권한을 위임했다는 것을 의미합니다. 그러나 학력폭력 사건에 변호사를 선임하는 것은 신중히 결정해야 합니다. 제 아들의 사건에서도 그런 일이 있었습니다. 마지막에 피해학생의 부모가 법원의 판결이 마음에 들지 않는다며 민사 소송을 하기 위해 유명한 변호사를 선임했습니다. 그러면서 더 이상 자신에게 전화도 하지 말고 모든 얘기는 변호사와 하라고 했습니다. 재판 비용과 변호사 선임 비용까지 우리가 지불하게 될 것이라고 엄포도 놓았습니다. 변호사를 선임했다는 말을 듣는 순간 '더 이상 말이 통하지 않겠구나' 싶었고, '이렇게까지 해야 하나' 하는 생각도 들었습니다. 그동안 눌러왔던 화가 올라오면서 '그러면 나도 그냥 있지 않겠다'는 마음이 들었습니다. 이처럼 학폭위에 변호사를 대동하는 것은 상대에게 거부감을 일으키기 때문에 원만한 해결에 도움이 되지 않습니다.

저도 변호사 상담을 했습니다. 그랬더니 소송에 드는 모든 비용을 가해학생 측이 내는 것이 아니며, 재판 결과에 따라 달라진다고 했습니다. 변호사를 선임할까도 고민했지만 변호사 선임 비용이 적지 않더군요. 과연 그 비용을 들여야 하나 하는 생각이 들어 결국 변호사 선임을 하지 않았습니다.

변호사를 선임하지 않아도 되는 사안이면 푸른나무재단(청예단)이나 학교 책임교사와 상담하고, 만약 법률적 도움이 필요하면 무료 법률 상담을 받아보는 것도 방법입니다.

학교폭력의 처리 과정도 아이에겐 교육입니다

변호사를 선임하기 전이라면 아이들 문제를 법적으로 처리하는 것이 과연 현명한 일일까도 생각해보면 좋겠습니다. 일부 사례만 보고 판단하지 않았으면 합니다. 내 행동을 아이가 보고 있습니다. 문제를 해결하는 방법 또한 다양합니다. 어떤 방법을 취하면 좋은지, 변호사 선임이 최선인지 고민하는 것이 먼저입니다.

유독 손해 보는 것을 못 참는 분들이 있습니다. 그런데 손해 보지 않고 살 수 있을까요? 손해 보는 것이 나쁘기만 할까요?

우린 부정적인 감정, 부정적인 상황을 견디지 못합니다. 아니, 받아들이지 못합니다. 그런데 부정적인 감정과 상황을 어떻게 처리하느냐가 정신 건강에 영향을 미칩니다. 힘들고 겪고 싶지 않은 일들도 잘 극복하면 성장의 기회가 되고 나중엔 약이 됩니다.

저 역시 그 당시는 너무 힘들어서 시간이 더디 가는 것처럼 느껴졌습니다. 그리고 누가 대신 해결해주거나 자고 일어나면 모든 것이 해결되어 있으면 좋겠다고 바랐습니다. 하지만 지금 돌이켜보면 그 모든 과정을 부딪치고 겪어내면서 내 안에 힘이 생겼고, 아들은 자기를 위해 동분서주하는 엄마를 지켜보면서 다시는 그런 일을 벌이지 말아야겠다고 마음먹었다고 합니다.

부모로서 해야 할 몫은 무엇이고 전문가의 도움을 받아야 할 부분은 무엇인지부터 생각해보십시오. 그리고 어떻게 하는 것이 내 아이를 위하는 길인지 차분히 알아보아야 합니다. 그런 뒤에 법률 전문가의 도움이 필요하다고 판단되면 그때 변호사를 선임해도 늦지 않습니다.

법원에서
상담조사를 받으라는데…

- 상담조사의 의미와 중요성 -

" 쉬는 시간에 다른 아이들과
얘기하는 것도 벌점 10점이에요. "

사건이 법원으로 넘어가면 법원으로부터 심리(소년재판)에 아이와 함께 출석하라는 소환장을 등기우편으로 받습니다. 심리까지는 몇 개월의 시간을 기다려야 합니다. 그래서 법원에서는 그 기간 동안 가해학생을 보호자에게 위탁하며 상담조사를 받을 것을 명합니다. 만약 가해학생이 상담조사 명령에 응하지 않으면 그 사실이 법원에 통지되어 집이 아닌 소년분류심사원(보호소년의 죄질을 판단하기 위해 심사하는 곳)에 전일위탁 되는 등 불리한 처분을 받을 수 있습니다.

가해학생에게 상담조사는 일종의 '명령'입니다

상담조사는 법무부에서 지정하는 기관에서 심리 검사, 행동 관찰, 상담, 비행 예방 교육 등의 전문 교육을 실시하고 비행 원인을 진단해 법원에서 객관적으로 심리할 수 있도록 도움을 주는 제도입니다. 3일에서 5일간 오전 9시에서 오후 6시까지 진행됩니다. 심리 결과에 따라 소년원에 갈 수도 있고, 보호관찰소에서 교육을 받을 수도 있습니다. 상담조사 결과는 가정과 학교 등에서 교육 지도 자료로 활용됩니다.

지정된 상담조사 일정은 변경할 수 없습니다. 대부분 학생이기에 수료 후 '이수확인증'을 주는데, 학교에 제출하면 출석으로 인정되지만 학교에 따라 교육 전에 '상담조사 출석 통지서'를 미리 제출해야 하는 경우도 있습니다.

상담조사 첫날, 최종 학교의 생활기록부 사본과 보호자가 작성한 환경조사서 1부를 제출합니다. 첫날 오전에는 2시간 30분간 진행되는 보호자 교육도 있습니다. 보호자 교육은 필수 과정은 아니지만 교육에 참여했는지가 법원에 통보되는 만큼 가급적 참석하는 것이 좋습니다. 사법 처리 절차를 비롯해 자녀와의 대화법 등 자녀 지도에 도움이 되는 내용을 교육합니다.

상담조사에 임하는 아이의 태도가 재판에 영향을 미칩니다

상담조사는 그 어느 교육보다 철저하고 까다롭습니다. 우선, 아이의 복장이 단정해야 합니다. 화장품, 담배 등 유해물질을 소지하는 것은 절대 안 되며, 혹여 소지하면 벌점을 받습니다. 벌점에 대해서는 상담조사 출석통지서와 함께 제공된 1쪽 분량의 상담조사 교육 수료 기준안(벌점 기준표)에 설명되어 있습니다. 누적 벌점이 40점 이상이면 퇴교 조치되며 법원에 통보됩니다. 퇴교 조치되면 소년분류심사원으로 보내집니다. 집에도 가지 못하고 갇혀서 상담조사를 받게 됩니다.

상담조사의 모든 내용이 법원에 통보되기 때문에 상담조사에 성실히 임하지 않으면 불이익을 받습니다. 벌점 항목 하나하나를 살펴서 심리에 적용합니다. 제 아들 일의 경우, 친구가 교육 중에 졸아 벌점을 받았는데 이 기록을 보고 판사는 뉘우치지 않는다고, 잠이 오더냐고 야단을 쳤습니다.

아이들은 아직 미숙해 판단을 못 할 수 있습니다. 그러니 부모가 상담조사의 기본 원칙과 벌점에 대해 미리 알려주고 상담조사에 성실히 참여하도록 해야 합니다. 이 과정은 단순한 상담조사가 아니라 가해학생이 지금의 상황을 얼마나 인지하고 있는지 확인하고, 가해자로서 반성하고 돌아볼 수 있는 기회를 주는 과정임을 아이도 부모도 잊어선 안 됩니다.

아이가 상담조사를 받는 동안 부모는 소명자료를 제출합니다

상담조사 내용은 교육기관에서 바로 법원에 전달되며, 재판에 영향을 미칩니다. 그러니 부모는 재판이 열리기 전에 재판에 도움이 될 만한 소명자료를 최대한 제출하는 것이 좋습니다. 아이의 학교생활을 알 수 있는 생활기록부와 교사 진술서, 화해의 노력이나 과거 비행에 대한 개선 노력 등을 보여줄 수 있는 피해자 합의서와 화해 확인서, 친구들의 진술서 등을 제출합니다. 그리고 부모의 보호 능력을 보여줄 수 있는 가족관계증명서, 재직증명서, 원천징수영수증, 상담 기록, 부모 진술서, 탄원서, 부모의 학력 및 경력 사항, 자격증, 면허증 등도 제출합니다. 이런 것까지 제출해야 하나 싶겠지만 법원은 학생의 부모가 경제적으로 안정된 환경에서 자녀를 보호할 수 있는지로 '개선 가능성'을 판단하기 때문에 준비할 수 있는 소명자료는 모두 제출해야 합니다.

부모의 보호 능력을 중요히 여기다 보니 한부모 가정, 조손가정, 생계를 위해 자녀를 돌볼 수 없는 가정의 자녀는 6호 이상의 처분으로 기관에 보내지는 경우가 많습니다. 그런 환경은 아이가 선택한 것이 아니라 부모가 만들어놓은 것인데, 결국 아이에게 영향을 미칩니다.

부모의 상황이 좋지 않더라도 포기하거나 좌절하지 말고 적극적으로 소명해야 합니다. 지금 상황을 솔직히 밝히고, 적극적으로 자녀를 보호하겠다는 의지를 보여야 합니다. 부모의 자세에 따라 처분이 달라지기 때문입니다.

사회봉사명령을 안 받으면
어떻게 될까?

- 사회봉사명령의 의미와 문제점 -

> 되도록 빠른 시일 내에 받으세요.
> 시간이 지나면 안 받고 싶어지고,
> 그러다 안 받으면 불이익을
> 당할 수 있어요.

소년법에 의한 소년재판을 받고 나면 처분이 나옵니다. 1호부터 10호까지이며, 몇 가지 처분이 중복 부과될 수 있습니다. 제 아들도 1호 처분으로 6개월간 부모의 위탁하에 있으면서 3호 처분으로 사회봉사 40시간의 조치를 받았습니다.

사회봉사명령은 법무부 관할 보호관찰소에 10일 이내에 가서 봉사명령을 이행할 날짜를 받습니다. 보호관찰소 담당자가 날짜를 빨리 받기를 권하더군요. 혹여 시간이 지나면 아이들이 하지 않으려 할 수도 있는데, 그러면 불이익을 당할 수 있다고 했습니다.

우리나라에서는 1988년에 소년법에 보호관찰 제도와 더불어 사회봉사명령이 도입되었습니다. 소년범 가운데 절반이 사회봉사명령을 제대로 이행하지 않아 도중에 제재 조치를 받는다고 합니다. 관찰소 담당자가 날짜를 빨리 받으라고 한 이유가 이해가 됐습니다.

사회봉사명령은 보호관찰관의 지시에 따릅니다

사회봉사명령은 재범 방지, 사회 복귀 등을 목적으로 범죄자를 일정한 기간 동안 보수 없이 근로에 종사하게 하는 제도입니다. 소년법의 사회봉사명령은 만 14세 이상에게 200시간 내에서 내려집니다. 기간이 정해지면 관할 보호관찰관의 집행 아래 장애인 및 노인 보호 시설 봉사, 농촌 지원, 재난 복구 등의 봉사활동을 하게 됩니다. 주거지를 이전하거나 1개월 이상 국내외 여행을 할 때는 미리 보호관찰관에게 신고하는 등 준수 사항을 잘 지켜야 하며(보호관찰 등에 관한 법률 제62조 제2항), 준수 사항이나 명령을 위반하고 그 정도가 무거운 때에는 집행유예 선고가 취소될 수 있습니다(형법 제64조 제2항).

사회봉사를 하기 전에 해당 보호관찰소에서 개시 교육도 받아야 합니다. 제 아들은 벌로써 받는 것이니 학교에 알리고 학기 중에 받기로 했습니다. 그런데 다른 학생의 부모님은 학교에 알리는 것이 싫다며 방학 때 받을 수 있도록 담당자에게 부탁을 했습니다. 사회봉사의 경우 제 아들은 고등학교 1학년 여름방학에 일주일 동안 40시간을 했습니다. 소년범이기에 미성년자만 모여서 봉사하는 줄 알았는데 어른들과 같이 봉사했다고 합니다. 장애인 보호 시설에서 쇼핑백 접는 일을 하는 것이 아들이 받은 사회봉사명령이었습니다. 아들은 그곳에서 만난 어른들에 대해서 가끔 얘기해주었습니다.

아이들에게 도움이 되는 사회봉사명령이 되기를 …

노동을 하되 노동에 대한 대가를 받지 않고 봉사하는 것이 사회봉사명령입니다. 그런데 아들을 지켜보니 사회봉사명령이 아이들의 폭력 재발 방지에 얼마나 효과가 있는지 의문이 들었습니다.

제 아들을 포함한 가해학생들이 한 봉사활동은 자신이 한 행동과 관련 없는 것이 대부분이었습니다. 아들이 사회봉사명령을 이행하고 와서 "쇼핑백 접기를 일주일 했더니 정말 빠르게 잘 접는다"고 말하는데, 자신이 한 잘못된 행동을 뉘우치는 데는 전혀 도움이 되지 않아 보였습니다. 어른과 같이 봉사하며 나눴다는 얘기도 사실 우려가 됐습니다.

폭력으로 소년재판을 받은 학생들에게는 자신의 행동이 어떤 점에서 잘못됐는지를 생각해볼 수 있는 방향으로 사회봉사가 정해지면 좋겠습니다. 그래야 재범 방지에 효과가 있지 않을까요? 자신의 행동을 돌아볼 시간은커녕 단순히 시간만 채우면 끝나는 사회봉사다 보니 50퍼센트나 되는 학생들이 기피하는 것이 아닐까 싶었습니다. 이행하지 않으면 불이익을 당하니 무조건 이행하라고 하는 것은 처벌로만 느껴집니다.

학교 역시 아이들이 잘못을 하면 선도위원회나 학폭위를 열고 잘못된 행동과 거리가 있는 교내 봉사, 교육, 사회봉사를 처벌로 내립니다. 교내 봉사는 교내 청소가 대부분입니다. 이와 같은 시스템으로는 가해학생들이 자기가 한 행동에 대한 책임을 지고 앞으로 그러지 말아야겠다고 반성하지 못합니다. 학교폭력 책임교사는 교내 청소 말고 딱히 시킬 것을 찾지 못했다며 "교내 봉사는 뭐를 시켜야 할까요?" 하고 묻고, 피해학생 측에서는 "가해학생에게 내리는 처벌이 학교 규칙을 어겨서 받는 처벌과 같아선 안 된다"며 그것이 무슨 처분이냐고 화를 내는 것이 현실입니다.

사회봉사명령은 잘못된 행동에 적합한, 아이들이 자신을 돌이켜 생각해볼 수 있는 활동으로 개선되기를 기대해봅니다.

소년분류심사원, 아이들에겐
공포스러운 곳

- 소년분류심사원과 가정환경 -

> 서로 말하면 안 되고,
> 눈도 마주치면 안 돼요.

제 아들은 법무부의 지시로 청소년센터에서 교육을 받았습니다. 교육을 받고 와서는 "절대 소년분류심사원에는 가지 말아야 한대"라며 자신이 들은 얘기를 전했습니다.

자유가 절실한 아이들에겐 공포의 시설이에요

소년분류심사원은 재판을 받기 전이나 재판 결과를 기다리는 동안 아이들을 일시적으로 격리시켜놓는 곳입니다. 하루 종일 말 한마디 못하고 다른 아이들과 눈도 마주치면 안 됩니다. 가정에서 부모의 보호와 관리를 받을 수 없는 아이들이 소년분류심사원에 보내지는데, 그곳에 있으면서 다른 아이와 싸워서 일이 커지거나 서로 연락처를 주고받아 나가서 연락하는 사이가 되는 것을 방지하려고 말도 못 나누게 하고 눈도 마주치지 못하게 하는 것입니다. 나름 편안한 분위기를 만들어놓았다고 하지만, 똑같은 운동복을 입고 창살이 있는 창문을 보며 자유가 없는 생활을 하기 때문에 아이들에겐 힘든 시간입니다.

위탁기관 청소년과 제주도를 8박 9일간 걷는 '2인 3각' 프로그램을 같이 했던 멘티도 소년분류심사원에 4주간 있다가 다른 아이와 얘기하는 걸 걸려서 다시 2주 연장되는 바람에 총 6주 동안 있었다고 했습니다. 그 멘티도 소년분류심사원에 다시는 가고 싶지 않다며 "그래도 서로 얘기도 하고 연락처도 다 알게 돼요. 전 말을 못 하게 해서 너무 힘들었어요"라고 말했습니다.

아이들이 위탁기관에서 생활하다가 무단이탈을 하는 경우도 있는데, 돌아오면 다시 재판을 받아 재처분을 받습니다. 재판을 기다리며 다시 소년분류심사원에 가야 합니다. 일절 자유가 없는 생활입니다. 얘기만 듣고도 제 아들은 공포스럽다고 했습니다.

아이들은 부모의 보호 능력의 영향을 받습니다

소년분류심사원은 법원 소년부(가정법원 소년부 또는 지방법원 소년부)가 위탁한 소년을 수용해 그 자질을 분류 심사하는 시설로, 원래 명칭은 감별소였습니다. 부모의 보호 능력이 되고 초범인 아이는 집에서 재판일까지 평소처럼 생활하지만 재비행의 위험성이 높거나 보호 환경, 보호자의 보호 능력(한부모 가정이거나 조손가정), 부모가 아이를 관리할 수 없는 상황이라 판단되면 소년분류심사원에 격리시킵니다. 가정환경은 아이들이 선택할 수 있는 것이 아니기에 아이들 입장에서는 억울할 수도 있겠다는 생각이 듭니다.

중학교 상담교사가 해당 학교 학생이 소년재판을 받게 되었는데 소년재판이 끝나자마자 아이가 소년분류심사원으로 바로 잡혀갔다고 했습니다. 한부모 가정에, 어머니는 생계를 위해 일을 할 수밖에 없는 상황인 아이였다고 합니다. 상담교사는 너무 어이없다며 어떻게 그러느냐고 분노했습니다. 판사는 아이의 환경이 보호와는 거리가 멀다고 생각해서 그렇게 결정했다고 합니다. 그 얘기를 전해들을 때까지만 해도 저 역시 말도 안 되는 결정이라고 생각했습니다.

가정환경이 아이를 이중으로 힘들게 합니다. 법무부의 소년분류심사원 위탁 제도를 이해하지 못하는 것은 아니지만 아이의 입장에서 생각해보면 가혹해 보입니다. 그러나 아이들은 그런 상황을 만들어놓은 부모를 원망하기보다 면회 오는 부모를 보며 반성하고 미안해하는 일이 더 많습니다.

천종호 판사가 쓴 책《호통 판사 천종호의 변명》에는 어느 학생의 경험담으로 이런 글이 실려 있습니다.

'분류심사 4주를 받았을 때 무엇보다 밖에서 마음대로 행동했을 때와는 다르게 위반해서는 안 될 여러 가지 준수 사항들과 단체생활이 처음에는 너무나 어렵고 힘들었습니다. 그런데 4주라는 시간은 제 잘못을 되돌아보고 가족의 소중함을 깨닫게 된 시간이었던 것 같아요.'

천종호 판사의 다른 책에 소개된 사례에서도 부모 노릇을 제대로 하지 못하는 부모에게도 사랑을 갈구하는 아이들의 마음이 엿보입니다. 아이들은 무조건 사랑을 원하고, 그래서 부모의 상황을 이해합니다.

가정을 지키며 자녀를 보호하는 것은 부모로서 당연한 일이지만, 노력을 소홀히 해서는 지켜지지 않습니다.

위탁기관 청소년과 제주를 걷다

- 한국판 쇠이유 2인 3각 프로그램 -

❝ 어떤 일을 할 때 쉽게
포기하지 않고 끝까지
최선을 다하게 됐어요. ❞

베르나르 올리비에와 다비드 르 브르통, 다니엘 마르첼리가 비행청소년 회복 프로그램에 대해 쓴《쇠이유, 문턱이라는 이름의 기적》을 읽고 혹시 한국에도 이런 프로그램이 있을까 궁금했습니다. 그러다 주관 기관인 '만사소년'과, 한국판 쇠이유인 '2인 3각' 프로그램을 알게 되었습니다. 이메일을 보내 어떻게 하면 멘토가 되는지를 문의했더니《쇠이유, 문턱이라는 이름의 기적》과 2인 3각 프로그램을 만든 천종호 판사님의 책 두 권《아니야, 우리가 미안하다》,《이 아이들에게도 아버지가 필요합니다》를 읽고 신청서를 작성해서 보내면 된다고 했습니다.

세 권의 책을 읽고 신청서를 작성해서 보냈습니다. 천종호 판사의 글을 읽으니 위탁기관 청소년들은 한 번도 여행을 가보지 못한 아이들이 대부분이며, 자신에게 오롯이 관심을 가져주는 어른이 주변에 없는 아이들이랍니다.

드디어 2인 3각 프로그램 일정과 멘티가 정해졌습니다. 기간은 2018년 5월 9일부터 17일까지였습니다. 기차를 타고 부산으로 가서 멘티와 센터 사모님, 만사소년 실장과 함께 천종호 판사를 만나 점심을 먹었습니다.

처음 만난 멘티는 동글동글 귀여운 얼굴의 중학교 2학년 여학생이었습니다. 1호 처분을 받았지만 한부모 가정이며 제대로 보호받을 수 없는 환경이라는 법원의 판단으로 기관에 위탁된 아이들 중에서 자원한 학생입니다. 센터에서 보내는 6개월 중에 8박 9일간 걷는 것입니다. 우리는 차를 마시며 일정에 대한 안내를 받은 뒤에 김해공항으로 가서 인증 샷을 찍고 비행기를 탔습니다.

2인 3각 프로그램은 업체와 개인의 후원으로 진행됩니다. 이번 후원 업체는 뉴시스라는 언론사였습니다. 창립기념일 행사를 하는 대신 의미 있는 일에 돈을 쓰겠다며 후원했다고 합니다. 뉴시스라는 신문사가 달리 보였습니다.

8박 9일 동안 우리는 다사다난했습니다

8박 9일 동안 지낼 짐을 배낭에 넣고 하루에 13킬로미터 정도를 걸었습니다. 숙소에서 아침을 간단히 먹고 걷기 시작해 점심 먹을 때를 제외하고는 계속 걸었습니다. 매일 정해진 코스와 일정이 있었습니다. 평지도 있지만 오름이나 숲, 봉우리를 오르기도 했습니다. 너무 먼 거리는 버스로 이동했습니다.

멘티는 비행기도 처음 타보지만 이렇게 걷는 것도 처음이라고 했습니다. 저 역시 그렇게 걷기는 처음이었습니다. 어깨는 무겁고 다리는 아팠지만, 그렇지 않아도 힘들다고 하는 멘티 앞에서 내색할 수 없었습니다. 다행히 멘티와 성격이 잘 맞아서 그나마 잘 지냈습니다.

그러나 일정이 끝나갈 즈음 위기가 왔습니다. 식사는 물론이고 어떤 상황이든 멘티를 최대한 배려하고 독려했건만 멘티가 가방을 던지며 더 이상 못 걷겠다고 했을 땐 저도 화가 났습니다. 속으로 많은 생각이 들었습니다. '내가 누구 때문에 이렇게 힘들게 걷고 있는데, 저 아이는 왜 자기 생각만 하지? 이 짧은 기간에 저 아이가 변할 것이라 기대하다니, 오만이었나?' 물론 멘티가 중간에 자기 얘기를 별스럽지 않게 하며 속을 보여준 것은 용기였고 저에 대한 믿음이 있어서 한 행동이었습니다. 그래서 제가 멘티에게 좋은 영향을 주었다고 생각했나 봅니다. 그러나 여기까지 와서 포기할 순 없었습니다. 복잡한 마음을 추스르고 오늘 목표를 채워야 한다고 완강히 말했습니다. 그리고 다시 걸었습니다.

마지막 밤, 우리는 그동안의 일정을 되돌아보며 그동안 묵었던 숙소와 먹었던 음식 중에서 가장 좋았던 것과 가장 마음에 안 들었던 것을 뽑아보고, '2인 3각 비포&애프터'도 했습니다. 마무리는 '2인 3각 제주 일정은 ○○○이다' 문장을 완성하는 것으로 했습니다. 각자 적고 같이 읽었습니다. 멘티가 저보다 나았습니다. 요즘 아이들 중에 무기력하고 매사에 결정을 못 하는 아이들이 많다고 하는데, 멘티는 에너지가 넘치고 자신의 생각이 뚜렷했습니다. 아직 자신의 에너지를 어떻게 써야 좋은 방향으로 가는지 모르는 아이일 뿐이었습니다. 제가 딸 하자고 하니 멘티가 자신은 엄마 부자라며, 진짜 엄마에 센터 엄마에 저까지 엄마가 셋이라고 했습니다.

센터장을 통해 전해 들으니 제주에서의 경험을 통해 '쉽게 포기하지 않고 끝까지 최선을 다하는 것'을 배웠다고 합니다. 멘티는 센터를 퇴소하고 집으로 돌아갔습니다. 잘 지낸다고 하는데, 어떻게 지내는지 궁금합니다. 앞으로도 잘 지냈으면 좋겠습니다.

위탁기관에서 생활하는 아이 한 명을 만났다고 모든 아이를 안다고 할 수는 없지만, 그들도 그저 십 대 아이라는 사실은 분명합니다. 관심을 가져주는 누군가가 있다면 충분히 변화할 수 있는 아이들입니다. 우리가 그 누군가가 될 수 있습니다.

화해조정은 서로 못 보는 것을
읽어주는 과정이다

□ □ □

제 아들의 첫 번째 소년재판에서 판사는 그날 처분을 내리지 않았습니다. 대신 법원에서 마련한 화해조정위원회에 참석하라고 했습니다. 상담심리학자 등 다양한 전문가들이 참석하는 자리이며, 피해학생 측과 가해학생 측이 만나 그동안 못 한 얘기도 하고 서로를 이해할 수 있는 자리가 될 것이라고 했습니다. 그러나 우리는 화해조정이 이뤄지지 않아 결국 최종심리로 처분을 받았습니다.

그래서 궁금했습니다. 화해조정은 어떻게 이루어지며, 과연 합의가 가능한 과정인지를요. 마침 법원에서 화해조정을 하는 활동가를 알게 되었습니다. 이○○ 위원은 2010년부터 2020년인 지금까지 활동하고 있습니다. 중간에 해외에 가 있던 3년을 제외하면, 7년 연속 화해조정 일을 하고 있습니다.

Q. 위원님처럼 활동하시는 분들은 어떻게 불리나요?

A. 매년 초 1분기에 해당 법원에서 모집을 하는데 명칭이 다 달라요. 가사상 담위원회, 가사조정위원회 등.

Q. 화해조정위원을 해보지 않아서 그런데, 조정위원으로 활동하기 위한 과정이 궁금합니다.

A. 법원에서 위원회로 알리면 위원회는 각 위원들에게 연락해서 특화된 적임자를 선정하거나, 반대로 사례에 대한 개인적인 트라우마가 없는 위원을 활동가로 선정합니다.

Q. 화해조정의 시간이나 횟수는 어떻게 되나요?

A. 사안마다 다릅니다. 보통 15분에서 30분 정도 걸리지만, 1시간 이상 걸리는 조정도 있습니다. 법원이 지정한 장소에서 하며, 별도의 공간인 판사 사무실에서 하는 경우도 있습니다. 간혹 여러 번의 만남이 필요한 경우 활동가가 타당한 이유를 보고서에 작성하면 대부분 후속 만남이 이루어집니다.

Q. 판사는 위원들이 다양한 분야의 경험자라고 했습니다.

A. 맞아요. 사회복지사도 있고 은퇴한 교장선생님도 있어요. 의사, 상담사, 경찰도 있고요.

Q. 자격 기준은 무엇인가요?

A. 대부분 추천제예요. 각자 경험에 대한 신뢰가 있는 사람들이죠. 모집 방법과 시기는 각 지방법원마다 다를 수 있습니다.

Q. 활동하시면서 만난 사람도 많을 텐데, 가장 기억에 남는 일은 무엇이었나요?

A. 할머니와 남자 형제들이 같이 사는 조손가족이 기억에 남습니다. 할머니가 형제를 제대로 돌보지 않았습니다. 특히 작은 아이는 돌봄이 필요한 아이라 시설에 위탁할 것을 할머님께 말씀드렸고, 그 아이는 한동안 시설에 있었습니다. 그러다 할머님이 원하셔서 다시 집으로 갔습니다. 이후 큰아이는 다른 재범으로 만나게 됐습니다. 제 노력으로는 안 되는 일이었습니다.

Q. 많은 경우 사건이 법원까지 이관됐다면 합의가 원만히 이루어지지 않았다는 의미입니다. 그런데 원만히 합의를 도출해낸다는 것은 위원들의 능력에 달린 건가요?

A. 전 그렇게 생각하지 않아요. 우리가 능력이 뛰어나서 중재를 하는 게 아니에요. 그래서 전 조정이란 말 좋아하지 않습니다. 우린 피해자 측과 가해자 측의 얘기를 최대한 들어줘요. 들으며 많이 참아요. 나서고 싶을 때도 있고 답답할 때도 있지만 들어주면서 서로가 못 보는 현상을 읽어주죠. 그럼 스스로 알아차리게 돼요. 역동이 생기고 전환이 일어나죠.

(타협점도 합의도 가해자 측과 피해자 측이 스스로 찾아낸다는 얘기였습니다. 들어주고, 그들의 마음을 읽어주고, 서로의 마음을 들여다볼 수 있게 해주는 것, 그래서 자기 입장에서만 생각하고 판단하던 것을 상대의 입장에서 생각할 수 있도록 기회를 주는 것이 조정위원들의 일입니다. 부모라면 아이를 위하는 마음이 있을 테니 그 과정에서 서로를 공감할 확률이 높습니다. 가해자의 부모도 마음이 아프다는 걸 나 역시 겪어보고서야 알았습니다.)

Q. 활동가로서 위원님의 바람은 무엇인가요?

A. 학교폭력이 원만히 해결되는 과정에서 저는 한 부분을 담당할 뿐이에요. 저와의 만남 이후로도 사회적 관계망이 생겨서 아이들에게 안전지대가 되면 좋겠어요.

Q. 활동비는 적지만 보람이 있을 것 같아요.

A. 아이들은 물론 그 부모들이 조금씩 달라지는 모습을 보면서 보람을 느낍니다. 물론 저도 성장합니다. 타인의 성장과 더불어 나의 성장을 경험하는 것이 이 일을 계속 하는 원동력입니다.

중학생들은 '인싸'인지
'아싸'인지가 중요하다

· · ·

중학생이 되면 사춘기가 시작되고 부모와 대화하는 일이 점점 줄어듭니다. 아이에게 뭘 물어보면 "몰라", "내버려둬", "알아서 할게"라는 대답만 돌아옵니다. 초등학교 때와는 다르게 학부모 모임도 드물어서 아이의 학교생활을 파악하기가 쉽지 않습니다.

　중학생 자녀를 이해하려면 또래 관계가 어느 때보다 중요해지는 시기임을 인정해야 합니다. 아래의 글이 중학생들의 특성을 잘 드러냅니다.

　중학생이 되자 학생들 사이에 어렴풋이 계층이 나뉘기 시작했다. 인기가 많은 아이, 인기가 없는 아이, 인정받는 아이, 무시당하는 아이, 모두 자신의 위치에 무관심할 수 없어졌다. 어떤 그룹에 속하느냐에 따라 학교생활이 백팔십도 달라졌다. 중학생은 새떼나 마찬가지인 것이다. 모두가 날아가는 방향으로 자연스레 몸이 반응해 생각 없이 따

라가는. _《침묵의 거리에서》(오쿠다 히데오)

인싸 문화 때문에 웃고 우는 아이들

요즘 유행어 중에 인싸('인사이더'의 줄임말)와 아싸('아웃사이더'의 줄임말)

가 있습니다. 아이들 사이에서 인싸가 되지 못한다는 것은 또래의 무리에

낄 수 없다는 의미입니다. 또래의 무리에 끼려면 너무 튀어서도 안 되고 너

무 뒤처져서도 안 됩니다. 그래서 친구들과 똑같은 스타일의 옷을 입고 인

싸임을 스스로 드러냅니다.

초등학교 때는 전학을 해도 적응이 어렵지 않지만 중학교 때는 다릅니

다. 이미 아이들 사이에서 무리가 형성된 이후에는 전학 간 학교에서 인싸

가 되기 쉽지 않습니다. 아버지의 직장 때문에 전학을 왔는데 아이가 학교

생활에 적응을 못 하고 결국은 왕따를 당했다며 상담을 해온 어머니가 있었

습니다. "학기 중에 전학을 왔는데, 아이들은 학기 초부터 친한 친구들이 정

해져 있었어요. 게다가 그 아이들은 같은 초등학교를 나와서 서로에 대해

잘 알죠." 아이는 이전 학교로 다시 가고 싶다고 한다면서 어떻게 하면 좋겠

느냐고 물어왔습니다. 전학 오기 전엔 아무가 문제없었답니다.

이런 일은 흔합니다. 실제로 중학생들은 학기 초에 극도로 예민합니다. 서로에 대한 탐색을 벌이며 친구 관계를 형성합니다. 친구 관계에서 문제가 생기면 심한 경우 등교를 거부하는 일도 있습니다.

한 중학생이 학교에서 왕따 당하는 아이를 보호하고 같이 어울리다가 자기마저 왕따를 당하고 결국 자살하는 일도 있었습니다. 한번 아싸가 되면 인싸가 되기 어렵습니다. 아싸로 낙인이 찍히기 때문이지요.

예전엔 공부를 잘하는 아이와 못하는 아이로 구분했지만, 요즘은 공부보다 중요한 기준이 '인기'입니다. 인기가 있는 아이는 학교생활이 어렵지 않습니다. 인기는 재미있는 아이가 많습니다. 요즘 아이들은 심각하고 진지한 것을 싫어하기 때문입니다. 오죽하면 '진지충'이라는 말이 있을까요.

사춘기의 특성이 반영되는 청소년 범죄

중학생들의 이러한 성향은 학교폭력에도 영향을 끼칩니다. 학교폭력 발생 건수는 중학생보다 초등학생이 더 많지만, 학교폭력의 심각성은 초등학생보다 중학생이 더 높습니다. 아싸를 대상으로 사이버폭력은 물론 성폭력도 일어나기 때문입니다. 그런데도 중학생의 학교폭력 발생 건수가 적게 나타나는 것은 드러나지 않은 일이 더 많기 때문이 아닐까 합니다. 아이의 생활을 시시콜콜 알게 되는 초등학교 때와 달리 학교생활과 친구에 대해 부모와 얘기 나누는 횟수가 줄어드는 중학교 때는 아이들이 말을 하지 않으면 무슨 일이 있었는지 알기 어렵습니다. 심하게는 학생들 사이에서 벌어진 성폭력 사건을 아이들은 다 알고 정작 부모와 교사만 모르는 경우도 있습니다.

자기중심적으로 사고하고, 청중이 있다고 느끼며 행동하는 것은 사춘기를 겪는 중학생들의 특징입니다. 그 두 가지가 한꺼번에 나타나면 무리지어 우발적으로 행동합니다. 자신도 주체할 수 없는 감정의 기복, 단순한 것도 생각하지 못하는 뇌의 특성까지 맞물려 어느 시기보다 위험하고 무모해집니다.

하지만 신문기사에 나오는 중학생의 폭력은 일반 학교폭력과는 분리해서 봐야 합니다. 그런 무시무시한 사건들은 일반적인 학교생활 중에 발생하지 않습니다. 결손가정의 문제와 가출, 범죄와 연결되어 있습니다.

천종호 판사는 청소년 범죄를 4가지 유형으로 분류했습니다. 학생을 대상으로 하는 언어폭력과 왕따를 제1유형으로, 학생을 대상으로 하는 상해·폭행·감금 등 비행형 학교폭력을 제2유형으로, 학생의 신분으로 학교 안팎에서 저지르는 절도·강도·사기 등 청소년 범죄를 제3유형으로, 학교를 중도 포기한 비학생 청소년이 절도·사기·성매매 등을 저지르는 생계형 청소년 범죄를 제4유형으로 구분하고 있습니다. 세상을 떠들썩하게 만드는 사건들은 제2유형이나 제4유형으로 봐야 하지요. 제1유형의 경우는 대부분 인성 교육의 차원으로 접근하고, 나머지 유형의 청소년 범죄는 범죄심리학적으로 접근할 필요가 있습니다.

5장

그 일 이후로
나와 아들은
달라졌습니다

"부쩍 듬직해진 어깨가 훈훈한 우리 아들들도, 공부 잘하는 똘똘한 우리 딸들도 어느 날 학교폭력의 가해자가 되어 법정에 설 수 있다. 오늘 소년법정에서 만난 저 부모들도 불과 며칠 전까지 그 사실을 몰랐다고 하지 않는가? 사회적 지위도 가족관계도 건강해 보이는 저들이 그것을 미리 알았다면 아이를 그냥 방치했을 리 없다. 만약 이 상상이 현실이 된다면 우리 중 어떤 부모가 그들처럼 처절하게 선처를 호소하지 않고 내 아이를 속히 엄벌해달라고 말할 수 있을까? 죄는 미워도 아이의 미래를 위해 탄원서 한 장 써달라고 선생님께 읍소하는 일은 결코 없을 거라고 누가 장담할 수 있을까? 이런 상상만으로도 마음이 불편한가? 하지만 진실은 늘 불편하기 때문에 쉬쉬하며 오랫동안 감춰진다. 아이가 학교폭력의 피해자가 되는 것만큼이나 가해자가 되는 것도 똑같이 두려운 일이다."

-《학교의 눈물》중에서

01

학교폭력의 아픔을
승화시킨 부모들

- 학교폭력 피해자들을 돕는 기관들 -

❝ 아들의 영혼을 달래주기 위해
회사를 그만두고
재단을 설립했어요. **❞**

횡단보도 앞에 서면 우리는 보행자 신호등이 켜지길 기다립니다. 혹여
멀리서 달려오다가도 모래시계형 잔여시간 표시기를 확인해서 불 켜진
칸 수가 두세 칸만 남으면 멈춰 서서 다음 신호를 기다립니다. 지금은
너무도 당연한 이 잔여시간 표시기는 한 아이의 아버지가 고안했습니
다. 그 아버지의 아이는 녹색 보행자 신호등이 깜빡이는 것을 보고 횡
단보도를 건너다가 도중에 신호가 바뀌는 바람에 차에 치여 그 자리에
서 사망했습니다. 그 아버지는, 신호등이 언제 꺼질지 모르고 뛰어가다

자기 아들처럼 죽는 아이가 생기지 않았으면 하는 마음으로 모래시계형 잔여시간 표시기를 만들었다고 합니다.

'학가협', '푸른나무재단(청예단)'이라고 들어보셨어요?

1995년 초여름, 열여섯 살의 대현이는 폭행과 갈취 등 학교폭력에 시달리다 아파트 4층에서 몸을 던졌지만 주차된 차 위로 떨어져서 다행히도 살았습니다. 그러자 대현이는 한 층을 더 올라가 다시 몸을 던졌습니다. 이젠 쉬고 싶다는 메모를 남기고……. 대현이의 아버지 김종기 씨는 더 이상 학교폭력으로 피해를 받는 아이들이 있어서는 안 된다는 생각으로 가진 돈을 모두 투자해서 비영리 재단인 '청소년폭력예방재단(청예단. 현재 푸른나무재단)'을 만들었습니다.

2000년 봄, 여자중학교 2학년에 다니던 학생이 '이진회' 회원들에게 집단괴롭힘을 당하다가 어머니에게 알렸습니다. 어머니는 학교에 찾아가 그 학생들에게 괴롭히지 말라고 야단을 쳤고, 그 학생들은 3학년 '일진회' 선배들에게 그 여학생에 대해 말했습니다. 그러자 일진회 회원 다섯 명이 그 여학생을 불러서는 하루 종일 폭행했습니다. 밤늦게 집에 돌아온 그 여학생은 병원에서 사흘간 혼수상태에 빠져 있었고 40여 일을 입원했습니다. 정신과 치료까지 받았습니다. 그러나 가해학생들은 5일간의 사회봉사명령만 받았습니다. 이와 같은 일을 겪으며 자문이나 도움받을 곳이 없었던 어머니 조정실 씨는 '학교폭력피해자가족협의회(학가협)'를 결성했습니다.

이들은 모두 학교폭력 피해학생들의 부모들입니다. 다시는 이런 일이 생기지 않아야 한다는, 본인처럼 고통받는 사람이 없었으면 한다는 생각에서 모래시계형 잔여시간 표시기를 만들고, 푸른나무재단(청예단)을 만들고, 학가협을 만든 것입니다.

학가협(www.uri-i.or.kr)은 학교폭력의 피해를 입은 가족들로 구성된 단체로 가족 치료와 피해자 상담 및 지원 등을 하고, 의료와 법률 자문도 연계해줍니다. 2017년 교육부 지원을 받아 '해맑음센터'를 열었습니다. 해맑음센터에서는 피해자의 심리 치료와 예술 치료를 합니다. 2018년부터는 학교폭력 경험자를 모집해 학교폭력 피해자를 찾아가는 상담을 진행하고 있습니다.

푸른나무재단(청예단. www.btf.or.kr)은 예방 차원에서 다양한 프로그램을 운영하고, 교육청과 손잡고 학교폭력 화해·분쟁 조정 서비스를 운영하고 있습니다. 학생, 교사, 학부모, 피해자, 가해자 구별 없이 1588-9128로 전화하면 상담을 받을 수 있습니다. 자원봉사로 활동하는 변호사를 통해 법률 자문도 받을 수 있습니다. 전화 상담뿐만 아니라 상담 치료도 합니다.

학교폭력과 관련된 일을 하는 단체는 많습니다. 하지만 이 두 기관은 피해학생들의 부모들이 직접 나선 곳이기에 학교폭력을 겪은 사람들의

학교폭력 상담 기관 ✅

기관명	홈페이지	상담전화
안전Dream 117센터	www.safe182.go.kr	117
푸른나무재단(청소년폭력예방재단) 학교폭력 SOS지원단	www.btf.or.kr	1588-9128
학교폭력피해자가족협의회(학가협)	www.uri-i.or.kr	
청소년사이버상담센터	www.cyber1388.kr	1388
한국여성인권진흥원	www.stop.or.kr	1366

심정을 충분히 공감합니다. 상담을 와서 하소연만 하는 분들도 많습니다. 그런 분들은 자신의 답답하고 힘든 마음을 누군가가 들어준다는 것만으로 힘을 받습니다. 그래서인지 학생들만큼이나 부모들도 많이 이용합니다. 이용자를 보니 부모가 50퍼센트이고 교사와 학생이 50퍼센트입니다. 내 아이가 그리고 부모인 내가 학교폭력으로 힘든 상황이라면 혼자 고민하지 말고 손을 내밀어 도움을 청하길 바랍니다.

경험을 토대로
상담 자원봉사를 시작하다

- 나의 경험이 도움이 되길 바라며 -

❝ 대부분 도움을 받고 감사하다는
인사를 하고 돌아가시곤
다시는 연락이 없으세요.
그런데 어머님은 어떻게 자원봉사를
하겠다는 마음을 먹으셨어요? ❞

2017년 11월 초 우연히 지금의 푸른나무재단(그 시절엔 청예단)의 상담
자원봉사자 모집공고를 봤습니다. 지원 자격은 교육학이나 상담학을
전공한 석사 이상이었습니다. 저는 학사는 교육학이지만 석사는 인문
학인 문화사입니다. 엄밀히 따지면 지원 자격이 안 됩니다. 하지만 교육
시민단체에서 사이버 상담위원으로 7년 넘게 활동한 경험이 있고, 강의
중에 만나는 학부모들과 질의 응답하는 것 또한 상담의 일종이라 생각
하고 지원했습니다. 푸른나무재단(청예단)은 제 아들의 학교폭력과 관

련해서 무료 법률 상담을 받았던 곳이라 자기소개서에서 이 사실을 밝혔습니다.

'학교폭력 가해자의 엄마로 푸른나무재단(청예단)에 방문해 도움을 받았다. 막막하기만 했던 그때 위안이 되었던 곳이다. 상담 자원봉사자 활동을 통해 그때 받았던 감사에 보답하고자 한다. 더불어 직접 경험한 당사자로서 상담을 받고자 하는 분들의 심정을 너무도 잘 알기에 조금이나마 도움이 되고자 한다.'

며칠 뒤 푸른나무재단(청예단)으로부터 면접을 보고 싶다는 연락이 왔습니다. 3년 만에 다시 찾은 그곳은 예전의 사건을 생각나게 했습니다. 마치 먼 옛날 일인 것처럼 느껴졌습니다. 푸른나무재단(청예단) 직원들이 저의 소개서를 보며 물었습니다.

"궁금했어요. 대부분 도움을 받고 감사하다는 인사를 하고 돌아가시곤 다시는 연락이 없으세요. 기억하고 싶어하지 않으시죠. 그런데 어머님은 어떻게 자원봉사를 하겠다는 마음을 먹으셨어요?"

저는 대답했습니다.

"하긴 우리 아들도 그렇고 또 다른 학교폭력 경험이 있는 학생도 똑같이 얘기하더군요. 기억하고 싶지 않은 일이라고요. 저도 그 당시엔 기억하고 싶지 않았어요. 그런데 시간이 지나니 그때의 고마움이 생각났어요. 법률 자문을 받은 대로 일이 진행되지는 않았지만 위안이 많이 됐거든요."

면접한 직원들은 "경험이 있으시니 상담을 요청하시는 분들의 마음을 잘 아시겠어요"라며 최종 결과는 다시 연락을 준다고 했습니다.

제 아들과 학교폭력을 경험한 학생에게 그 사건에 대해 얘기해달라고 했을 때 처음 반응은 '기억하고 싶지 않다'가 아니라 '기억나지 않는다'였습니다. 아이들은 기억에서 지우고 싶었나 봅니다. 어느 날 아들이 제게 물었습니다.

"지금의 기억을 가지고 다시 돌아갈 수 있다면 엄마는 언제로 돌아가고 싶어?"

아들의 질문에 대답했습니다.

"난 되돌아가고 싶지 않은데……. 지금 모든 게 만족스럽진 않지만 그렇다고 다시 살고 싶지는 않아. 넌 언젠데?"

"난 그 사건이 있던 그전으로 되돌아가고 싶어."

아들이 그동안 별말 없이 지내기에 괜찮은 줄 알았는데, 힘든 기억이었던 것입니다. 그런데 이 아이들만 그런 건 아닐 겁니다. 푸른나무재단(청예단) 직원의 말처럼 대부분의 관련자들이 그 일을 기억하고 싶지 않아 합니다.

그럼 왜 전 자청해서 상담 자원봉사를 하려고 했을까요? 단지 도움에 보답하고자? 곰곰이 생각해보니 경험자인 제가 나서는 게 당연하다고 여긴 것 같습니다.

최종적으로 전화 상담 자원봉사자로 선정되었다는 연락을 받고 오리엔테이션에 갔습니다. 앞으로 하게 될 업무와 유의해야 할 사항, 숙지해야 할 것들, 상담하며 있을 어려운 일들, 내담자 유형에 대해 배웠습니다. 오리엔테이션을 진행한 분이 무엇보다 학부모이며 학교폭력 경험자이기에 잘할 것 같다고 했습니다. 목소리도 내담자에게 신뢰를 줄 수 있는 톤이라며 격려해줬습니다. 더불어 상담원으로서 가해자와 피해자 모두에게 도움을 주면서 어느 한쪽에 치우쳐서는 안 된다는 조언도 해주었습니다. 제가 생각해도 그럴 것 같았습니다.

전화 상담은 처음이라 사실 걱정이 됐습니다. 즉각적으로 대응해야 하는데, 혹시라도 가해자 부모로서의 경험이 제 안에서 작용하지는 않을까 하는 염려도 있었습니다. 오히려 너무 쉽게 감정이입이 돼서 섣부른 판단을 하게 되지는 않을까 우려도 됐습니다. 하지만 이것만은 분명합니다. 제가 겪은 어려움을, 아이들이 겪은 고통을 한 명이라도 덜 겪는다면 그것으로 더 바랄 게 없다는 제 마음 말입니다.

03

'들어주는' 사람이 있다는 것

- 위안받고 싶은 부모들을 위해 -

❝❝ 우리 아이는 지금 어떤가요?
우리 아이가 바라는 것은
무엇인가요? ❞❞

푸른나무재단(청예단)에서 전화 상담 자원봉사를 2017년 11월에 시작했습니다. 졸업을 앞두고 전학 처분을 받고 황망해하는 어머니, 학년말에 사건이 벌어져서 도와줄 교사도 없이 앞으로 어떻게 해야 하는지 막막하다는 부모까지 학기말이자 학년말이라는 시기적인 특성이 고스란히 드러나는 상담 전화가 많았습니다.

방학 동안은 '이렇게 상담 전화가 없을 수 있을까'라는 생각이 들 만큼 사건이 없었습니다. 신학기인 3월은 아이들이 서로에 대해 잘 모르고 서로 간을 보는 시기라 그나마 조용하다가 4월이 되면 상담이 많아집니다. 학교 적응을 어려워하는 아이, 친구들에게 괴롭힘을 당하는 아이, 아이들과 어울리다 상처받은 아이……. 학기 초라 학교나 교사들도 '좀 더 지내보자'고 하니 아이도 부모도 답답하고 화가 나 전화 상담을 해오는 것입니다. 교사의 안일함에 대해서 불만을 터뜨리고, 우리 아이는 힘들어하는데 몰라주는 교사나 학교에 믿음이 가지 않는다는 말씀을 많이 합니다. 그러면 저는 말합니다.

"괴롭히는 아이들은 그냥 둔다고 나아지지 않아요. 저절로 사이가 좋아지는 것을 바라는 건 관계가 좋을 때죠. 지금처럼 힘의 우위에 의해 괴롭힘이 작용할 때는 교사와 어른의 개입이 필요해요. 그러니 교사에게 내 아이의 고통을 제대로 전하고, 그동안의 일들을 육하원칙에 따라 작성해두세요. 한두 번이 아니었다는 사실을 인식할 수 있도록이요."

많은 부모는 내 아이가 피해를 입어도 학폭위까지 가고 싶어하지 않습니다. 그리고 학폭위 처분은 그저 처분에 그칠 뿐입니다. 가해학생이 처분을 받는다고 해서 내 아이의 고통이 없어지거나 관계가 회복되지 않기 때문입니다. 그럴 때 권유하는 것이 있습니다. 가해학생의 부모에게 각서를 받는 것입니다. 괴롭힘은 그냥 둔다고 해결되는 것이 아니고 점점 더 심해지는 것을 알기에 교사가 말로만 하는 것은 효과가 없습니다. 그래서 '앞으로 이런 일이 한 번 더 있을 경우 학폭위를 개최한다'는 내용으로 교사가 가해학생의 부모에게 각서를 받아두면 가해학생도 경각심을 갖게 되고 그 부모도 자기 아이가 갑자기 가해자로 학폭위에 불려가는 당혹감을 겪지 않을 수 있습니다. 물론 긴급하거나 심각한 사안은 학폭위를 열어야겠지만요.

이 방법은 피해학생의 부모들도 반가워합니다. 우선, 지금 당장 학폭위를 열지 않아도 되고, 이렇게 한 번 경고장처럼 예지를 하고 나면 다음에 같은 일이 반복되었을 때 망설이지 않고 학폭위를 열 수 있기 때문입니다.

힘들 땐 들어줄 사람을 찾아 얘기하세요

그동안 다양한 분들과 통화를 했습니다. 상담교사와 학폭위 책임교사, 피해학생의 부모, 가해학생의 부모, 울먹이며 전화하는 분에서부터 화가 나서 전화하는 분까지. 저를 비롯한 전화 상담 봉사자들은 그들의 얘기를 들어주는 일부터 시작합니다. 중간 중간 사실 관계만 확인하며 듣습니다. 그러다가 꼭 물어보는 것이 있습니다.

"아이는 지금 어떤가요? 아이가 바라는 것은 무엇인가요?"

이렇게 물으면 대답을 못 하는 부모들이 있습니다. 아이보다 자기 마음에 더 치중해서입니다. 그럴 땐 꼭 힘든 아이에게 힘이 돼줄 것, 아이가 바라는 것이 무엇인지 물어볼 것을 요청합니다. 반면 힘들어하는 아이의 상황을 얘기하면서 처음엔 주저하며 말하지 않았던 일들을 나중에야 말하는 분들도 있습니다.

몇십 분을 통화하다 보면 말하는 부모도 앞으로 무엇을 해야 할지 판단을 하게 됩니다. 특히 '내 아이를 위해 내가 힘을 내고 버텨야 하는구나' 하고 깨닫는 것 같습니다.

어떤 아버님은 아이가 잘못해 학폭위 처분을 과하게 받았는데, 아이의 억울함을 알지만 집에서 매일 반성문을 1쪽씩 쓰게 했다고 합니다. 그래서 "지금 저에게 말씀하신 것처럼 자녀에게도 말해주라"고 했습니다. 반성문은 그만 쓰게 하고 아이의 힘든 마음을 알아주라고 했습니다. 그 아버님은 아이에게 어떻게 해야 하는지 알게 되었다며 한결 밝아진 목소리로 전화를 끊었습니다.

학폭위 경험자인 저는 아이들 못지않게 부모도 위안받고 싶어한다는 것을 잘 압니다. 내 말을 들어주는 사람이 있다는 것만으로도 한결 마음이 안정됩니다. '앞으로 힘들 때 전화하면 되겠구나' 하는 안도와 함께 든든함도 느껴집니다. 제가 특별히 상담을 잘해서가 아닙니다. 상담의 기본이 '들어주기'라는 걸 이론으로 배웠지만 실제로 해보니 기본이 아니라 핵심이라는 걸 너무나 절실히 깨닫습니다. 제가 그 분들에게 힘을 실어주고 결정할 수 있도록 도와주는 것까지 나아간다면 더할 나위 없겠습니다.

위기청소년을 돕고 싶어지다

- 내가 청소년상담사 시험을 본 이유 -

❝ 제 경험이 비슷한 상황에 처한 다른 사람들에게 도움이 될 수 있다는 것도 알았습니다. ❞

2018년 10월 6일 청소년상담사 3급 자격 필기시험을 봤습니다. 자원봉사로 '사교육걱정없는세상'에서 2011년부터 사이버 상담을 했고, 푸른나무재단(청예단)에서 2017년부터 전화 상담을 했습니다. 고등학교를 졸업한 아들을 키운 경험과 지역에서 아이들과 수업을 하며 보낸 시간들이 상담에 많은 도움이 되었습니다.

아이들을 만나 상담하는 일이 이젠 운명으로 느껴집니다. 사실 저는 대학에서 산업디자인을 전공했습니다. 그리고 아들이 초등학교 4학년 때 한국방송통신대학교의 교육학과로 편입했습니다. 교육학과에는 상담과 관련된 과목이 있었습니다. 그땐 필수과목이니 이수했습니다. 이론 공부로 알고 있던 경청과 공감이 상담을 하며 얼마나 중요한지 알게 되었습니다.

하지만 그때는 상담 일을 할 생각이 없었습니다. 우선 제가 다른 사람들을 상담할 만큼 성숙하지 못하다고 생각했기 때문입니다. 사교육걱정없는세상에서는 독서 분야에 대한 사이버 상담이기에 참여했던 것입니다. 나름 교육학을 전공하고 부모 교육과 아이들 교육을 맡고 있었기에 가능했습니다.

아들이 중학교에 들어가고 나서 '아이는 부모의 노력에 비례하지 않는다'는 사실을 알았습니다. 그리고 아들이 학교폭력 가해자가 되고 겪은 일들로 청소년 문제에 관심을 갖게 되었습니다. 전화 상담 일을 하게 된 것도 같은 이유입니다. 전화 상담 일을 하면서 상담에 대해 더 관심을 가지게 되었습니다. 그리고 제 경험이 비슷한 상황에 처한 다른 사람들에게 도움이 될 수 있다는 것도 알았습니다.

한 번 만나니 찾아가서 돕고 싶어졌습니다

천종호 판사가 만든 만사소년(http://www.mansaboy.com)의 2인 3각 프로그램의 멘토로 참여하며 비행청소년을 직접 만났습니다. 아들의 일을 겪었기에 비행청소년에 대한 선입견은 없었습니다. 단지 어떻게 다가가야 할지, 내가 잘할 수 있을까 하는 우려는 있었습니다. 하지만 괜한 걱정이었습니다. 그 아이들도 그 나이대의 아이일 뿐이었습니다. 그 일 이후로 청소년 상담에 대한 관심이 커졌습니다. 일반 청소년이 아닌, 도움이 필요한 위기청소년들을 만나고 싶어졌습니다. 푸른나무재단(청예단)에선 법원 명령으로 수강명령이나 상담을 진행하는데, 10월엔 그 아이들과 함께하는 집단상담 프로그램에 보조 상담사로 참여하기도 했습니다. 면대면 상담은 처음이었습니다.

한 번 겪고 나니 찾아오는 내담자를 기다리는 것이 아니라 직접 찾아가서 만나고 싶어졌습니다. 저는 처음 도전하는 분야는 봉사로 시작합니다. 경험이 없는 상태로 섣불리 돈을 받는 것은 오만이라고 생각해서입니다. 게다가 어느 단체든 경험이 없는 사람을 채용하지 않습니다. 교육청에서는 찾아가는 집단상담 봉사자를 모집하는데 2017년부터 2년에 한 번씩만 뽑기로 했다고 들었습니다. 2018년에는 신청을 받지 않아서 청소년상담사 자격증 시험 준비를 먼저 시작했습니다. 추석이 지나고 나서부터 본격적으로 공부했습니다. 교육학을 전공한 이후 만 7년 만에 다시 하는 공부였습니다. 그때 배운 내용 중에 기억이 나는 것도 있고, 새로 배우는 내용도 있었습니다. 대부분 이론가와 이론 내용이었는데, 이 자격증이 있어야 자원봉사를 할 수 있는 건 아니었지만 대학원이 관련 학과가 아니니 전문성을 조금은 채워줄 수 있을 것이라는 생각에 열심히 공부했습니다.

공부를 하다 보니 제가 그동안 상담을 잘못 알고 있었다는 것을 깨달았습니다. 저는 상담사가 내담자의 문제를 해결해주는 것이라고 여겼습니다. 이론에서도 그렇게 말하지 않는데, 혼자 그렇게 생각하고 있었지요. 그런데 공부를 심층적으로 하고 상담사가 쓴 《엄마도 힘들어》(문경보)를 읽으면서 생각이 바뀌었습니다. 학교 상담실에 한 아이가 찾아왔고 상담교사는 아무것도 물어보지 않았습니다. 그냥 있다 가라고만 했습니다. 아무것도 해준 것이 없는데 학생은 다음에 다시 상담실을 찾아왔고 상담을 했다던 내용이었습니다. 그 과정 자체가 제겐 깨달음이었습니다. 그동안 사이버상담과 강의를 하면서 방법을 묻는 분들을 만나다 보니 방법을 찾아주는 것을 당연하게 생각했나 봅니다.

상담사는 자신의 한계를 인정하고 자기를 보일 줄 알아야 합니다. 완벽한 인간은 없습니다. 내 한계를 넘어서는 내담자는 나보다 잘할 수 있는 상담사에게 연계해야 합니다. 이것이 상담사의 윤리 중 하나입니다. 상담 일을 하면 할수록 어려운 분야임을 인정하게 됩니다. 더불어 위기청소년들에겐 꼭 필요하다는 생각도 듭니다. 위기청소년들을 돕고 싶어서, 이것이 제가 청소년상담사 자격증 시험을 본 이유입니다.

부모들은 이론은 알지만
실제는 모른다

- 자기에게 꼭 맞는 답을 원하는 부모들 -

66 두 아이가 뛰어오다가
부딪혀서 상처가 났는데,
이것도 학교폭력인가요? **99**

2018년 11월에 제 블로그 '학교폭력 A to Z, 무엇이든 물어보세요'에 비밀댓글이 달렸습니다. 경기도 용인시에 있는 한 초등학교의 학부모 회장인데 학교폭력을 주제로 학부모 강의를 요청한다는 내용이었습니다.

저희가 바라는 학부모 연수 내용은 늘 천편일률적으로 강의되는 매뉴얼적인 사항이 아니라 실질적으로 학교폭력이 일어났을 때 마주치게 되는 감정적 동요와 어려움 등에 대한 현실적인 조언과 실질적 사례에 대한 고찰과 이해입니다. 저 역시 세 자녀를 키우고 있으며, 큰딸이 초등, 중등, 고등을 거치며 겪었던 학교폭력의 트라우마가 지금도 잠재되어 있습니다. 피해자가 느끼는 분노와 억울함, 가해자가 되었을 때의 당혹감과 수치스러움은 해소되지 않는 것 같습니다.

문제는, 아이들의 다툼에 있어 가해학생의 부모든 피해학생의 부모든 어느 정도 의식이 있는 학부모들이 원만히 조정하고 이해를 했다면 커지지 않을 사안이 왜 걷잡을 수 없이 커져 재심과 행정소송, 인권위 제소까지 가게 되는지 여러 각도에서 생각해볼 필요가 있다는 것입니다. 학부모 간 사고의 차이 때문에 견해가 좁혀지지 않는 경우를 제외한다면 분쟁 조정의 역할을 학교가 잘 못하고 있다던가, 학부모들의 감정싸움에 아이들이 다치는 경우가 생기는 것 같습니다.

저도 겪어본 학교폭력은 사실 별 의미가 없는 것이 현실이더라구요. 그래서 저는 이번 연수에 가해학생의 부모가 가져야 할 마음가짐과 피해학생의 부모가 가져야 할 마음가짐에 대해 얘기해보고 싶습니다. 가해학생의 부모이기에 무조건 잘못을 했다고 조아리기보다, 가해학생으로 몰렸다고 해서 무조건 자녀를 보호하기 위해 잘못된 방법으로 대처하기보다, 피해학생의 부모이기에 무조건 이해받고 사과 받기만 요구하기보다 피해학생의 부모이지만 가해학

생 부모의 마음도 헤아릴 수 있는 지혜도 얻을 수 있는 연수를 희
망합니다.

이 긴 댓글을 읽고 나니 저의 학교폭력 경험이 학부모들에게 현실적
인 도움이 될 수 있겠다는 생각이 들어서 강의 요청을 받아들였습니다.

강의 당일에 해당 학교에 도착하니 현수막에 '저는 학교폭력 가해자
의 엄마입니다'라는 강의명이 적힌 현수막이 걸려 있었습니다. '강의 처
음에 가해자 엄마인 것을 밝혀야 할까? 선입견을 가질 수도 있으니 나
중에 얘기할까' 고민했었는데 그럴 필요가 없어진 것입니다.

2시간의 강의를 끝내고 질의응답 시간에 들은 질문이 기억납니다. 아
이들끼리 뛰어오다가 서로 부딪혔는데 학교폭력에 해당하느냐, 서로
싸웠는데 한쪽에서 신고하고 다시 상대가 신고하면 어떻게 되느냐는
질문이 있었습니다. 강의 중에 설명한 내용인데도 다시 질문하는 것을
보면 아마 본인들의 사례에 맞는 답이 필요했던 것 같습니다.

강의 초반에 학교폭력에 대해 OX 퀴즈를 하니 학부모들이 정답을 다
맞혔습니다. 사소한 싸움도 학교폭력이며, 언어폭력이 가장 많고, 피해
자와 가해자가 확실히 구분되지 않으며, 맞고 때리는 것이 학교폭력이
아니고 힘의 우위에 의해 '하지 마'라는 말도 못 할 경우 아무리 사소한
싸움이라도 상처가 될 수 있다는 것을 이미 학부모들은 알고 있었습니
다. 그러나 실제 사례에 대입하니 맞으면 피해자, 때리면 가해자라는 생

각에서 벗어나지 못했습니다.

강의를 요청한 학부모 회장은 강의 후에 "어머니들이 오늘 강의 좋다고 하셨어요. 제가 고등학교 학부모 회장이기도 한데, 오히려 고등학교 학부모들을 대상으로 강의를 하면 좋겠다고 생각했어요. 연락드릴 테니 제 아이 고등학교에 오셔서 강의해주세요"라고 했습니다. 학부모 회장도 초등학교 어머니들이 받아들이는 학교폭력과 중고등학교 어머니들이 받아들이는 학교폭력이 다르다는 걸 느낀 것 같았습니다.

강의를 해보니 '모든 치유자는 상처 입은 사람이다'라고 한 카를 융의 말처럼 저 역시 상처 입은 사람이기에 이 일을 할 수 있다고 느꼈습니다.

06

블로그를 통해
부모들과 마음을 나누다

- 서로의 경험이 위로가 되는 이유 -

❝ 이제라도 딸아이를 지켜내라고
상담사 님 글을 읽게 되었나 봅니다.
개인적으로 자문을 구하고
싶은데 어떻게 하면 되나요? ❞

2018년 11월 제 블로그에 인상적인 안부글이 올라왔습니다.

엊그제 중1 학폭위를 다녀와서 정신 못 차리고 있는데 오늘 부모
교육 연락을 받았어요. 그래서 요리조리 알아보던 중 이 블로그까
지 오게 되었네요. 상담사 님의 아들 얘기를 읽던 중 눈물이 왈칵
쏟아져버렸어요. 아이가 중학교에 입학하고 나서 사소한 일부터
큰일까지 거의 한 달에 한 번 꼴로 담임교사의 전화를 받았고, 약

간은 억울하지만 학폭위까지 다녀온 마음고생이 한꺼번에 쓰나미가 되어 밀려왔어요. 일단 감사합니다, 상담사 님. 이런 글을 쉽게 쓰시기 어려웠을 텐데……. 도움을 주시고자 쓰셨다는 것에 너무 감사합니다.

제 네이버 블로그는 10년도 전에 만들어놓기만 했습니다. 그러다 2016년에 다시 시작했습니다. 그저 저와 가족들의 일상, 아들의 일에 관한 글들을 올렸습니다. 2017년 구본형변화경영연구소 11기 연구원 커리큘럼으로 매주 한 권의 북 리뷰와 한 편의 칼럼을 썼는데, 2017년 가을부터 아들의 학교폭력 경험을 쓰면서 치유의 글쓰기가 되었던 것 같습니다. 2018년 2월에 연구원 과정을 졸업하고 기존의 블로그를 학교폭력 블로그로 바꿨습니다.

2018년 4월부터 블로그 방문객들이 개인 이메일이나 비밀댓글로 상담을 해왔습니다. 여섯 살 유치원생 피해자 어머니부터 고등학교 3학년 가해 당사자까지 연령도 다양했습니다. 가해자 부모들은 다른 사람에게 차마 할 수 없는 얘기를 가해자의 부모인 제게 했습니다. 가해자의 부모들은, 제가 그랬듯, 내 아이가 가해자라는 사실이 한없이 부끄럽다가 그런 행동을 한 아이를 원망하는 마음이 불쑥불쑥 튀어나와 괴로워합니다. 그런 분들이 제 글을 읽는 것만으로 위안을 받는다는 사실을 알았습니다. 대부분 우연히 검색하다 알게 되었다며 아이들의 사례를 상담했습니다. 어떤 어머니와는 이메일을 몇 차례씩 주고받으며 사안 처리 과정을 의논하기도 했습니다.

최근 안부글에 다음의 글이 실렸습니다.

살아 숨 쉬는 것이, 버티기 위해 울면서 삼키는 밥 서너 숟가락이, 속으로 삼키지 못하고 결국은 흘러나오는 눈물을 참아보려고 악 물어 매일 새로운 피딱지로 덮여 있는 입술의 상처에 바를 연고를 찾고 있는 손길이, 하루 종일 긴장한 신경이 불러온 두세 시간의 수면 시간이 사치를 하고 있는 것처럼 느껴져 스스로에게 독설을 퍼부으며 삿대질을 해댑니다. 한 달 반이 지난 오늘까지 내 아이의 삶을 지켜주지 못한 죄책감에 울기만 했던, 아는 것도 없고 부유하지 못한 현실에 울기만 했던, 화가 나고 악에 받쳐 울기만 했던 엄마에게 이제라도 딸아이를 지켜내라고 상담사 님의 글을 읽게 되었나 봅니다. 감사합니다. 개인적으로 자문을 구하고 싶은데 어떻게 하면 되나요?

그래서 제 개인 이메일 주소를 알려드렸는데 이메일은 오지 않았습니다. 어떤 사연이기에 이렇게 힘들어하나 걱정이 되었습니다. 도와드리고 싶은데 도울 방법이 없었습니다. 그나마 제 글을 읽고 위안이 되고 아이를 지켜보겠다는 마음이 생겼다는 것만으로도 다행이다 생각했습니다.

저 역시 아들의 일 때문에 변호사 상담도 해보고 이메일 상담도 해봤지만, 그들은 경험자가 아니어서인지 객관적이고 일반적인 대답만 해주었습니다. 말로는 걱정하지 말라고 했지만 진심으로 느껴지지 않았던 이유를 이제야 알겠습니다. 그러면서 제 글이 학교폭력을 겪은 부모들에게 위안이 되는 이유도 알게 되었습니다. 내 얘기를 들려주고 다른 경험자들의 얘기를 들어주며, 도움을 요청하고, 내 도움이 필요한 사람을 돕는 것이 결국 치유의 과정이 되고 서로에게 힘이 된다는 사실을 잊지 않으면 좋겠습니다.

💬 **현장 인터뷰**

아이들은 허용이 아닌 수용을 바란다

• • •

저는 초보 학교폭력 상담사이지만, 푸른나무재단(청예단)에는 내담자가 지명해서 상담을 요청하는 전○○ 상담사가 있습니다. 옆에서 겪어보니 왜 이 상담사를 일부러 찾는지 짐작이 갑니다. 햇병아리 상담사가 베테랑 상담사에게 전수받는 마음으로 궁금한 점을 물어봤습니다.

Q. 어떻게 이 일을 하게 되었나요?

A. 2009년 1월부터였으니 10년차가 됐네요. 84학번으로 심리학을 전공했어요. 정신보건임상심리사 2급 공부를 하고 자격증을 따고, 폐쇄병동에서 실습도 하고, 시험을 봐서 합격을 하고 결혼을 했어요. 전업주부로 육아만 하고 살다가 둘째가 중학교를 가고 나니 여유가 생기더라구요. 그래서 봉사를 하고 싶어 찾아봤는데 설거지보다 상담을 조금 더 잘할 것 같았어요. 마을도서관에서 자원봉사를 하다 우연히 상담 자원봉사 모집공고를 보고 지원했어요.

Q. 10년이라는 긴 시간 동안 전화 상담 일을 하고 있는데 계속 하는 동기가 있을 것 같습니다.

A. 제가 굉장히 내성적이에요. 그러다 보니 상담이 제게 맞았어요. 제가 목소리에 예민한데, 내담자의 전화 상담 전과 후의 목소리가 다르면 '최소한 내가 이 분한테 도움이 되는 무언가를 했구나' 하는 생각이 들어 날마다 뿌듯했어요. 작은 기여가 나에게 효능감으로 느껴져서 계속 할 수 있었던 것 같아요.

(전○○ 상담사의 목소리가 남달리 부드러워서 그랬을까. 내담자의 목소리에도 예민하다는 말에 대면상담으로 확인할 수 없는 표정과 몸짓을 목소리로 헤아리는 것은 아닐까 짐작해봅니다.)

Q. 지금까지 상담하면서 가장 기억에 남는 내담자는 누구였나요?

A. 굉장히 많았는데……. 작년 여름에 학교 밖 아이에게서 전화가 왔어요. '왜 저만 이렇게 피해를 당해야 하나요?' 하며 정말 꺼이꺼이 울었어요. 영재였던 아이가 주위의 시기심으로 피해자가 되어 결국 학교를 자퇴했대요. 지금은 고3의 나이로 연극과 관련된 일을 하고 있다고 했어요. 얘기 도중에 전

화가 끊겨서 다시 전화를 했는데 통화를 못 했어요. 지금도 그 아이 전화번호를 스티커로 붙여놨어요. 좀 더 깊이 있는 얘기를 나누지 못하고 도움을 주지 못한 것이 안타깝고 아쉬워요. 뭔가 해주고 싶은 마음이 있었는데 많이 하지 못해서. 전화 상담의 어려움이에요.

Q. 오랜 기간 상담을 했기에 학교폭력의 대안으로 중요하게 여기는 사항이 있을 것 같습니다.

A. 무엇보다 부모 교육이 절실합니다. 부모로서 허용이 아닌 수용을 해주고, 아이들을 따뜻하게 안아줘야 합니다. 다양한 시선으로 총체적으로 접근하는 시스템도 필요합니다.

Q. 최근 학교폭력의 양상이 어떻게 변했는지도 궁금합니다.

A. 학교폭력의 연령이 낮아진 것이 가장 큰 변화예요. 요즘은 초등학교 저학년 아이들과 유치원생으로 학교폭력 발생 연령이 내려갔어요. 기본 인성을 경험하지 못해서 폭력인지도 모르는 나이죠.

(이어지는 질문에도 선배 상담가가 후배에게 전해주는 어조로 담담하게 말

했습니다. 오히려 가해자 엄마로서 상담 봉사를 하는 내게 '대단하다'며 칭찬하는 걸 보고 역시 타고난 상담가구나 하는 생각이 들었습니다.

푸른나무재단(청예단)은 피해자, 가해자 구분하지 않고 상담을 합니다. 또 학교폭력 예방 및 대책에 관한 법률에 따라 상담을 합니다. 잘못된 정보를 제공하면 판단에 영향을 미치기 때문에 상담사들은 사안 처리 매뉴얼도 숙지하고 있습니다. ≪학교폭력 사안 처리 가이드북≫은 도란도란 학교폭력 예방 홈페이지에서 다운받을 수 있으니 참고하세요. doran.edunet.net에서 '교육정책' 메뉴 내의 공지사항에 있습니다.

만약 학교폭력에 관해 도움을 받고자 한다면 1588-9128로 전화해서 상담을 받을 수 있습니다. 그리고 전화 상담 자원봉사를 하고 싶다면 홈페이지 모집공고를 보고 지원하면 됩니다.)

07

가해학생이었던 아들이
학년 대표로 모범상을 받다

- 학교폭력 경험이 준 값진 결과 -

**학교 선생님 다섯 분이
나를 추천하셨대요.**

제 아들은 2016년 고등학교 1학년 때 전교생이 보는 앞에서 1학년 대표로 표창장 모범상(어른섬김 부문)을 받았습니다. 그즈음 아들을 통해 선생님들한테 인사 잘한다며 칭찬을 들었다는 얘기를 들었던 터였습니다. 그래서 "인사를 잘해서 받는 거냐"고 물었더니 그것도 포함해서 여러 가지 이유로 상을 받게 됐다고 했습니다. "혹 상 받으려고 그런 거 아니지?"라고 물으니 "당연하지" 하고 대답했습니다.

학기 초에 담임교사 면담을 갔을 때도 아들이 인사를 잘한다고 들었고, 중학교 2학년 때도 인사 잘하고 성격이 밝기 때문에 교사들이 아들을 예뻐한다는 얘기를 들었습니다. 학교폭력 문제가 있었던 중학교 3학년 때의 담임교사도 이동수업 때면 아들 손을 잡고 간다고 했습니다.

학교에서 모범상을 받아와서는 "학교 선생님 다섯 분이 나를 추천하셨대요"라고 했습니다. 아들은 어렸을 때 외가와 친가의 할아버지, 할머니가 키워주셨고, 외아들이지만 사촌들과 자주 모여 지냈습니다. 그렇다 보니 초등학교 때부터 외아들같지 않다는 말을 많이 들었습니다. 유년 시절에는 친할머니 댁에 살면서 동네 할머니들의 관심까지 받아서 인사가 몸에 밴 것 같습니다. 어른을 대하는 방법을 아는 것이겠지요.

중학교 졸업 후 일반 고등학교가 아닌 비인가형 요리 대안학교에 진학하려다 마지막에 바꿨습니다. 그래서 공부에 대해선 욕심을 부리지 않았습니다. 정확하게 말하면, 공부에 대해 얘기할 수 있는 상황이 아니었습니다. 학교폭력의 가해자가 되어 1년 이상 고된 과정을 겪었는데 공부를 하라고 할 수가 없었습니다. 혹여라도 학교폭력의 경험 때문에 엇나가지나 않을까, 학교를 그만둔다고 하지 않을까 싶어 학교를 다니는 것만으로도 감사했습니다. 그런데 고등학교에 진학하고부터는 학교생활을 열심히 했습니다. '100시간 봉사해서 봉사상을 받겠다', '결석을 하지 않고 개근상을 타겠다' 등 포부가 대단했습니다. 물론 다 이루지는 못했습니다.

고등학교에 들어가서 모범상까지 받으니 다른 것보다 아들의 마음에 상처가 크게 자리잡지 않았구나 싶어 마음이 놓였습니다. 선생님 다섯 분이 아들을 추천했다는 사실 또한 감사했습니다. 한두 명이면 그럴 수도 있겠다 싶겠지만 다섯 분의 추천은 쉽지 않은 일이라는 생각이 듭니다. 어쩌면 학교폭력의 경험이 아들을 더욱 겸손하게 만들었겠다 싶습니다.

아들은 아빠와의 불화로 집에 들어가지 않는 친구를 붙잡고 얘기를 들어주고 설득도 해가며 집으로 들여보내기도 했습니다. 하루는 옷에 피가 묻어 와서 웬일이냐고 물으니 싸우는 친구들을 말리다가 묻었다고 했습니다. 친구들의 고민을 들어주는 역할을 자청하는 것을 보면 분명 아들에겐 학교폭력의 경험이 성장의 기회였을 것입니다. 모범상을 받은 것 역시 상을 받아서가 아니라 학교생활을 잘하고 있다는 의미라고 생각하니 앞으로 더 걱정할 일은 없겠다 싶었습니다.

고등학교 3학년 때는 입시 준비를 하며 생활기록부를 보더니 축제 때 동아리 동상을 받은 것을 포함해서 모범상 받은 것이 기록되었다며 "내 생기부가 나쁘지 않아"라고 했습니다. 스스로를 좋게 평가하는 것을 보니 한 번 더 마음이 놓였습니다. 의도하지 않은 폭력 사건으로 혹독한 값을 치른 만큼 값진 결과를 얻게 됐으니 정말 다행입니다.

08

"엄마, 인생이 내 맘 같지 않아"

- 아이들이 위기를 극복하는 힘의 원천 -

❝ 엄마, 인생이 내 맘 같지 않아.
이번 자격증 실기시험
합격하면 수능 준비에
올인하려고 했는데…… ❞

아들이 고등학교 3학년이었을 때, 패션스타일리스트가 되고 싶다면서 학원을 다니며 자격증 시험 준비를 했습니다. 2월에 필기시험에 합격하고 3월엔 실기시험을 봤습니다. 필기시험은 학원생 중 유일하게 아들만 합격했습니다. 그 많은 문제를 혼자 풀며 '열심'히 공부한 결과라고 생각하니 무척이나 대견했습니다.

3월에 실기시험을 보고 얼마 후에 결과 발표가 있었습니다. 발표날엔 아침부터 불안해했습니다. 실기시험이 어려웠다고 했거든요. 저도 긴장이 되었습니다.

오후 2시가 지나서 아들이 카톡으로 불합격됐다는 문자를 보내왔습니다. 많이 실망한 눈치였습니다. '이번에 합격하고 다음 달부터는 야자를 하면서 수능시험에 전력을 다할 계획이었는데 차질이 생겼다'면서 짜증을 냈습니다. 다음 시험은 6월에 있다고 했습니다. '한 번 실패한 거니 괜찮다. 다음엔 되겠지'라며 문자로 위로를 했지만 위로가 되지 않았나 봅니다. 전화가 왔습니다. "엄마, 인생이 내 맘 같지 않아"라고 말하는데 왜 그렇게 웃음이 나던지……. "그래, 이번에 됐으면 수능 준비만 하면 되는데 맘이 편하지 않겠다"라고 다시 달래줬습니다. 결국 그날은 기분을 풀어야 한다며 친구들과 놀고 늦게 들어왔습니다.

얼마 후에 아들은 패션 스타일리스트가 되고 싶은데 막상 자격증 공부를 해보니 자기가 생각한 것과 다르다고 했습니다. "나는 그 사람의 스타일을 보고 그 사람에게 어울리게 추천하는 것이 좋은데, 스타일리스트는 이미지를 만들어놓고 스타일링을 하는 거더라고." 그러면서 패션 분야의 다른 영역에서 일하는 사람을 만나고 싶어했습니다.

마치 지인의 언니가 숍마스터라고 해서 같이 만나 이런저런 얘기를 들었습니다. 숍마스터는 판매직부터 시작하며 고학력이 아니어도 할 수 있지만, 스타일리스트나 MD(merchandiser)는 채용하는 곳도 별로 없으며 대학은 꼭 나와야 한다고 했습니다. MD는 영어도 잘해야 한다고 했습니다. MD도 만나고 싶어했는데 만나지는 못했습니다.

아이들에게 정서적 지지 기반이 되어주세요

실기시험에 떨어지고 며칠이 지나서였습니다. 저녁에 씻고 나와선 "나 인생 잘산 것 같아"라고 했습니다. "뭔 소리야?" 했더니 "나 시험 떨어진 날 철민이는 학원도 안 가고 나랑 같이 시간 보내줬고, 승철이는 너라면 다음엔 꼭 될 거야"라고 말해줬어. 이 정도면 나 잘산 거 아니야?" 합니다. "그럼, 그렇지" 하며 맞장구를 쳐줬습니다. 그러자 아들이 말합니다.

"나 긍정적이잖아. 잘될 거야."

그 순간 갑자기 천종호 판사의 말이 생각났습니다. 10호 처분으로 소년원에서 2년을 보낸 아이들이 검정고시로 고졸 학력을 취득하고 기술을 익혀 자격증도 따고 회사에 취직도 하지만 오래 다니지 못하고 그만둔다고 합니다. 그 이유는 크게 두 가지입니다.

첫째, 격리된 생활을 오래 하다 보니 사회성이 떨어지기 때문입니다.

둘째, 정서적 지지 기반이 없어서입니다.

즉 직장생활을 하다 보면 질책도 받고 혼나기도 하는데, 그럴 경우 보통은 부모나 친구에게 위안도 받고 같이 얘기를 나누며 위기를 넘깁니다. 하지만 그들은 가장 기본이 되는 부모의 보살핌이 없습니다. 친구도 별로 없습니다. 그렇다 보니 고비가 오면 위기를 넘기지 못하고 그만두는 것입니다. 자격증과 기술이 있지만 경력은 쌓이지 않고, 경력이 없으니 월급이 적을 수밖에 없습니다. 결국 쉽게 돈 버는 유혹에 다시

빠질 수 있습니다.

그래서 아이들에겐 어른이 있어야 합니다. 옆에서 말없이 지켜봐주고 격려해주는, 언제나 내 편이 되어줄 어른이. 꼭 부모가 아니어도 됩니다. 인생의 선배로 사회 선배로 청소년에게 관심을 가져주고, '이렇게 살아야 한다' 모범을 보여주는 것도 좋습니다. 정서적으로 지지받을 수 있게 도와주면 아이들은 사회에 원만히 적응할 수 있습니다.

아들, 입시 면접을 보며
자신을 재발견하다

- 자신감, 자존감을 갖춘 아이 -

> 엄마 아빠가 저를 자존감, 자신감을
> 가질 수 있게 키워줘서 고마워요.
> 친구들도 제가 무엇을 하든
> 제 몫을 하고도 남을 거라고 해요.

아들은 2018년 10월 26일, 생애 최초로 면접을 봤습니다. 패션스타일리스트 학과에서 하는 입시 면접이었습니다. 1차 서류전형에 통과하고 면접을 보러 오라는 연락을 받고부터 항공운항과에 진학한 선배의 도움을 받아 면접 연습을 했습니다.

면접날 아침, 아들이 제게 오더니 자기가 준비한 내용을 들어달라고 했습니다. 자기소개와 지원 동기, 성격의 장단점에 대해 그동안 준비한 것을 말로 하며 핸드폰에 적었습니다. 지원 동기는 너무 뻔한 내용이기에 "그것보다 네 얘기를 해. 친구들이 네가 스타일링을 잘한다고 했던 것이나 숍마스터를 만나 얘기 들은 것들을." 제 조언을 듣고 아들은 자신의 언어로 다시 수정을 했습니다. 그러면서 "면접장에 정말 가기 싫다"고 했습니다. 너무 긴장된다는 것이 이유였습니다.

가만히 생각해보니 저도 대학 입시를 치르며 면접을 했습니다. 그때는 아무 준비 없이 갔습니다. 같이 기다리던 친구 중 한 명이 "왜 우리 학과를 왔는지 물어보지 않으면 좋겠다"라고 했습니다. 저는 그냥 그런가 보다 했는데 그 질문을 제가 받았습니다. 사학과였는데 "제가 역사를 좋아하는데 시험을 보면 점수가 잘 안 나왔어요" 뭐 이런 말도 안 되는 대답을 했습니다. 면접관은 "왜 그랬을까?"라며 친절하게 대응해줬지만, 그 자리에서 아주 꼼꼼하게 외우지 않으면 틀리는 문제들, 많은 연도들이 역사를 좋아하는 것과는 별개더라는 얘기는 할 수 없었습니다. 물론 점수가 되지 않아 불합격됐겠지만 지나고 보니 제가 면접관이라면 제 대답에서 사학과에 적합한 학생이라는 생각을 할 수 없었겠구나 싶습니다. 하지만 그 당시에는 그런 생각도 못 했습니다.

그래서 아들에겐 성격의 장단점도 학과와 연관 지어 말하면 어떻겠느냐고 조언해줬습니다. 그리고 너무 긴장하지 말고 여유를 가지라고, 잘할 거라고 응원해줬습니다. 면접을 보고 나서 연락 달라는 말도 잊지 않았습니다.

오후에 상담 봉사를 하고 있는데 면접이 끝났다며 아들에게 연락이 왔습니다. 그러면서 "완전 망했어요. 다섯 명이 같이 했는데 다른 학생들은 막힘 없이 줄줄 얘기하는데, 나는 계속 더듬거렸어요"라고 했습니다. 전 "그건 중요하지 않아. 말을 잘한다고 되는 것도 아니고"라고 말했더니 "생각지도 못한 질문을 받았어요"라고 했습니다. 뭐냐고 물었습니다.

"우리나라에서 존경하는 스타일리스트가 누구냐고 물어보는데 아는 사람이 없어서 모른다고 하고 '외국의 닉 우스터 존경한다. 제가 존경하는 이유는 그 분은 나이 들어 늦게 시작했지만 나름의 스타일링을 하면서 패션디렉터를 하는 분이기 때문이다'라고 했어요. 나머지 네 명은 한 사람을 똑같이 말했는데 저는 누군지 모르겠더라고요."

아들은 자기 대답이 나름 순발력이 있었다며 뿌듯해했습니다. 저는 아들에게 잘했다며, 모르는 건 모른다고 정직하게 대답하면 된다고 했습니다. 그리고 "너 나름의 대답을 했으니 그 점을 인정해줄 거야"라고 말해주고는 통화를 끝냈습니다.

집에 와서는 아들에게 좀 더 다양한 얘기를 들었습니다. 면접관들을 보니 누가 결정권자인지 알겠어서 중간에 다른 학생을 면접할 때 눈을 마주치면 웃었다는 얘기, 첫 면접이라 긴장을 많이 했다는 얘기, 다른 학생들의 태도가 어땠다는 얘기……. 그러다 불쑥 "엄마 아빠가 저를 자존감, 자신감을 가질 수 있게 키워줘서 고마워요. 친구들도 제가 무엇을 하든, 대학을 가든 취업을 하든 제 몫을 하고도 남을 거라고 해요"라고 했습니다. 저 역시 "엄마도 그렇게 생각해. 너는 충분히 그럴 거야. 그래서 엄마는 걱정하지도, 불안하지도 않아. 그리고 엄마 아빠가 키워 준 게 아니라 네가 그렇게 큰 거야"라고 답해줬습니다.

"사춘기가 되면 아이들이 자기 목숨을 버려서라도 꼭 얻고 싶은 게 있습니다. 그게 뭐냐면요. '내가 참 괜찮은 아이'라는 생각이에요. 그게 바로 자존감입니다."

한국청소년상담복지개발원 구본용 원장의 말입니다.

제 아들은 스스로 자존감을 갖출 줄 아는 사람으로 성장했습니다. 학교폭력의 경험이 자양분이 된 것이 분명합니다.

10

범죄소년들의 안식처,
청소년회복센터

- 대안가정 청소년회복센터 -

❝ 저희가 어디 갈 때마다 새벽같이
일어나서 도시락 같은 거 준비하시는
거 보면 '사모님과 목사님은
좋은 분들이시구나' 싶어요. **❞**

청소년회복센터는 호통 판사로 이름난 천종호 판사에 의해 2011년 경
상도 창원시에 처음 생겼습니다. 범죄소년들에겐 폐쇄 격리 시설인 교
도소가 아닌 가정과 같은 환경에서 보호할 필요가 있다고 보고 마련한
것입니다. 실제로 교도소에서 아이들끼리 생활하고 밥을 먹고 잠을 자
는 것은 범죄소년의 사회성과 관계 능력 발달에 심각한 영향을 미쳐 재
활에 도움이 되지 않습니다. 집처럼 함께 생활하며 밥을 같이 먹고 같이
잠드는 대안가정이 범죄소년들에게는 무엇보다 필요한 환경입니다.

성인범으로 전락하지 않게 하려 최선을 다하는 사람들

청소년회복센터는 집입니다. 엄마 아빠의 역할을 하는 분들이 센터를 맡고 있습니다. 실제로 부부인 분들이 많습니다. 한 센터에 열 명 정도의 아이들이 하루 종일 같이 생활합니다. 물론 생활규칙은 정해져 있으며, 여학생 센터와 남학생 센터가 따로 있습니다.

아래 글은 2017년에 부산 둥지청소년회복센터의 임윤택 센터장이 청소년회복센터를 소개한 글입니다.

청소년회복센터는 사법형 그룹 홈으로, 1호 처분을 받은 보호청소년 중 부모들이 보살피기 어렵거나 돌아갈 가정이 없는 청소년들을 보살피고 있습니다. 청소년회복센터는 비행 또는 범죄청소년을 대상으로 일시적인 재비행 방지만을 위한 교정이나 치료가 아닌 안전한 보호 환경을 제공하고 학력 취득 또는 기술 습득을 통해 자립하도록 지원하고 있습니다.

2011년 11월 청소년회복센터를 개소해 현재 전국에 19개가 운영 중입니다. 현재 남자 100명, 여자 60명 정도로 전체 160여 명을 보호하고 있으며, 이는 수용 인원이 적은 소년원 두 개의 규모입니다. 엄청난 사회적 비용이 절감될 뿐만 아니라 재비행률도 일반 소년범들에 비해 절반밖에 안 되는 성과를 올리고 있습니다.

현재 운영비는 각 법원에서 지원하는 위탁소년 1인당 교육비 월

50만 원과 일부 후원금이 전부입니다. 독일의 지원센터인 'HEIM'
은 1인당 연간 7,800만 원에서 9,600만 원을 지원받고, 일본도 평
균 7,600만 원을 지원받는다고 합니다. 특히 1년 전에 청소년복지
지원법 개정안이 통과돼 청소년회복센터가 청소년회복지원시설로
공식 시설이 되었습니다만, 아직 예산 지원은 되지 않고 있습니다.
지금 국회 예결위 소위 심의 중으로 알고 있습니다.* 비행이나 범
죄로 위기 가운데에 있는 보호소년들에게 보호 환경을 제공해 적
절한 보호와 양육으로 재비행을 예방할 뿐만 아니라 사회구성원으
로 잘 성장하도록 힘을 실어주시길 당부 드립니다. 자칫 장기적으
로는 성인범으로 전락할 수 있는 아이들도 지금 잘 가르치면 충분
히 건강한 사회구성원이 되는 것으로 보답할 수 있을 것입니다. 감
사합니다.

2013년 조사 결과 소년원을 퇴소한 소년들 중 3년 이내에 재비행하
는 비율이 70퍼센트에 육박한 반면, 청소년회복센터에서 6개월간 생
활하다 퇴소한 소년들의 재비행률은 30퍼센트대로 떨어졌고, 1년간 생
활하다 퇴소한 소년들의 재비행률은 10퍼센트 미만으로 떨어졌습니다.
이런 결과가 나온 데는 이유가 있었습니다. 직접 센터를 운영하는 분들

---

* 2019년부터 국가예산이 이루어졌습니다. 그러나 아직 부족한 상황입니다.

이 보호소년들을 자식처럼 돌보기 때문입니다.

경남 김해에 있는 엘림청소년회복센터를 퇴소한 아이가 보내온 편지에 이런 내용이 있었습니다.

잘못해도 용서해주시고, 저희 마음을 조금이라도 이해하려고 노력하시고, 저희가 어디 갈 때마다 새벽같이 일어나셔서 도시락 같은 거 준비하시는 거 보면 사모님과 목사님은 좋은 분들이시구나 싶어요. (중략) 늘 생각하는 거지만 우리가 뭐라고 사모님과 목사님이 이렇게까지 스트레스를 받아야 되는지 모르겠어요. 어쨌든 늘 감사드리고, 이 은혜는 커서 갚겠습니다.

이 편지로 센터를 운영하시는 분들이 얼마나 애쓰는지 느껴졌습니다. 애정 없이는 할 수 없는, 아니 소명 없이는 할 수 없는 일입니다.

천종호 판사는 말합니다. 인구절벽 시대에, 결혼도 안 하고 아이도 낳지 않는 시대에 지금 있는 아이들이라도 잘 보살펴야 한다고 말입니다. 그 아이들이 범죄소년이라고 하더라도 재범하지 않고 가정으로 돌아가는 것이 성인범이 되는 것을 예방하는 길이며, 결국 사회적 비용을 절감하는 방법이 될 수 있다고요.

부모라면, 힘들어도 자녀를 책임져야 한다

● ● ●

2018년 5월, 2인 3각 프로그램의 멘토로 참여했을 때 멘티가 지내던 청소년회복센터의 센터장에게 인터뷰 요청을 했습니다. 센터장은 자신을 목사라고 소개했습니다.

"저를 소개할 때 제일 먼저 제가 목사라는 것을 밝히고 싶어요. 그만큼 목사라는 직분을 귀하게 여기고 좋아해요. 저의 존재감이 되어주는 것 같거든요. 엘림청소년회복센터는 경남 김해시에 있고요. 여자 청소년들과 함께 살고 있습니다. 2014년 6월에 첫 공주가 왔습니다. '아프지 않게, 배고프지 않게, 외롭지 않게'라는 주제로 시작했지요. 지금은 '나의 아버지이신 하나님께서 나를 사랑하시듯 6개월 동안 입양된 공주들을 사랑하며 살자'고 생각하며 지냅니다."

센터장의 말에서 아이들에 대한 사랑이 느껴졌습니다.

Q. 센터를 운영하게 된 계기가 있을 것 같습니다.

A. 2014년에 재소자 사역을 하시는 목사님께서 여자 청소년회복센터를 해 보지 않겠느냐고 물었어요. 그동안 비행청소년에 대해 상담도 하고 만나기 도 했지만, 재판을 받고 오는 아이들과 함께 사는 것은 생각을 해보지 않았 거든요. 그런데 집에 와서 아내에게 말하니까 '그거 참 좋다. 한번 해봐요' 하 는 거예요. 그래서 창원지방법원 소년부 판사님을 찾아뵙고 말씀드렸죠. 그 랬더니 소년부 재판을 참관해보라는 겁니다. 회복센터장들과 교제도 하라 고요. 그래서 몇 달간 법정에 나와서 엉덩이에 못이 박히도록 앉아 있었습 니다. 그러던 어느 날 수갑을 차고 포승줄에 묶여서 오는 소년들을 재판 대 기실에서 만났습니다. 그 순간 '이 아이들의 수갑과 포승줄을 풀어주는 일을 하자'라고 결심을 했습니다. 그리고 몇 달 동안 법정에 나가 공부를 한 후에 판사님의 허락을 받고 법원장의 위촉을 받아서 시작했습니다.

Q. 천종호 판사님의 책을 보고 청소년회복센터를 알게 되었고, 센터를 운영 해서 아이들을 돌보고 싶다는 생각을 했습니다. 하지만 2인 3각 프로그램에 참여하며 보니 제가 할 수 있는 일이 아니었습니다. 직접 센터를 하면서 가 장 힘든 점이 있다면 무엇인가요?

A. 후원이 부족하죠. 그렇지만 아이들이 센터를 이탈할 때가 제일 힘듭니다. 한솥밥을 먹던 딸이 자유(?)를 찾아 나가버릴 때는 모든 것이 정지되는 것 같아요. 그래서 얼굴색이 변하고, 위장과 장기들이 뒤틀리고, 하려는 일들을 모두 중단하게 되죠. 이 일을 한 지 4, 5년이 돼서 군살이 박힐 만도 한데, 그 부분은 여전히 적응이 안 돼요. 그 아이가 센터로 돌아올 때까지는 고통의 연속이죠. 아무리 애를 먹인 아이도 이탈을 하면 정말 속이 쓰리고 아파서 견디기가 힘들어요. 이것은 아내와 제가 똑같아요.

(견디기 힘든 순간이 있음에도 계속 하는 이유는 공주들이 마음잡고 퇴소해서 집으로 돌아가 잘 생활한다는 소식을 듣는 것이 보람이기 때문이라고 했습니다.)

Q. 가장 기억에 남는 아이가 있을 것 같습니다.

A. 중학교 유예에다 대안학교를 전전하며 비행을 저지르다가 우리 집에 왔던 공주가 4월 중졸 검정고시에, 8월 고졸 검정고시에 합격하고 나서 그 해 11월에 수시로 대학교에 합격을 했어요. 현재 대학교 2학년을 마쳤는데, 그 공주가 기억에 남죠.

Q. 만나본 많은 아이를 통해 부모나 가정환경이 중요하다는 것을 누구보다 잘 아실 것 같습니다. 부모들에게 하고 싶은 말이 있다면 부탁드립니다.

A. 사랑으로 양육하십시오. 사랑은 책임을 동반합니다. 가난해도 힘들어도 내 아이는 내가 책임을 진다는 마음을 가져주기를 바랍니다.

('한때는엘림'이라는 밴드를 만들어서 퇴소한 공주들과 연락을 주고받는다는 김영덕 센터장은 "센터에 가장 필요한 것은 공주들을 섬기는 자원봉사입니다. 학습 지도를 할 수 있고 음악이나 악기, 뜨개질, 미술 치료, 체육 등으로 섬길 수 있지요. 재능 기부를 하시면 됩니다"라고 말했습니다. 그러면서 "물질로 매달 후원을 할 수도 있지요. 물질이 갈 때 기도와 마음이 가는 것 같아요"라며 센터 후원 방법도 알려주었습니다. 청소년회복센터에 후원하려면 만사소년 홈페이지 http://www.mansaboy.com나 전화 051-923-1019로 연락하면 됩니다.)

💬 자녀 이해하기

사이버 공간에선
죄책감 없이 거친 아이들

• • •

사이버 공간에서는 굳이 자신을 드러내지 않아도 됩니다. 그러니 쉽게 말합니다. 한 명이 아닌 여러 명이 같은 반응을 보일 땐 잘못인지도 깨닫지 못합니다. '남들도 다 하는데…… 아님 말고'라고 생각합니다. 평소엔 남들 앞에서 말 한마디 못 하던 아이도 사이버 공간에선 전혀 다른 모습을 보입니다. 학교폭력 책임교사가 SNS에는 또 다른 얼굴이 있다고 말할 정도입니다.

어떤 학생은 친하게 지내던 친구가 어느 날 단톡방에 초대를 했는데, 여러 명의 사람들이 자신을 욕하고 가만두지 않을 거라고 협박했다고 합니다. 단톡방 사람들 중에서는 친구와 몇 명을 제외하곤 모르는 언니 오빠들이랍니다. 자기에게 왜 그러는지 이유를 모르겠다고 합니다. 혹시라도 학교로 찾아올까 봐 두렵다고 해서 엄마와 같이 등하교를 하고 있습니다.

또 다른 남학생은 SNS에서 알게 된 친구들과 같이 놀러 다녔습니다. 그러다 어느 날 그중 한 학생에 대해 소문을 내서 기분이 나쁘니 언제 어디로 나오라는 연락을 받았다고 합니다. 혹시 학교로 찾아오지 않을까 걱정이 된다고 했습니다.

두 경우 모두 지역도 다르고 연령대도 다른 사람들이 모인 사이버 공간, 즉 단톡방에서 벌어진 사이버폭력으로, 특정인을 위협하고 있었습니다.

《침묵의 거리에서》(오쿠다 히데오)에 나오는 교사의 말이 아이들의 사이버폭력의 실상을 그대로 보여줍니다.

"난 선생이지만, 휴대전화와 인터넷이 있는 시대에 태어난 요즘 학생들이 딱하다는 생각이 들 때가 있어. 교사로서 이런 발언은 문제가 될지 모르지만, 옛날에는 반에서 발언권이 없었던 얌전한 아이들이 자유롭게 말하게 되면서 직접 피부로 사람을 겪어보지 못한 탓에 쓰레기다, 죽어라 같은 험한 말들을 아무렇지도 않게 내뱉지."

여학생들 사이에서는 한 여학생에 대해 "은혜가 그랬대" 식으로 행실을 비하하는 페이스북 메시지를 전송하고 그 메시지를 퍼나르는 일이 많습니다. 뒷담화가 사이버폭력으로 확대된 것이죠. 이 경우 학생들 사이에서 사실 여부는 중요하지 않습니다. 자신도 모르는 사이에 메시지 내용이 기정사실이 되어버립니다. 사실이 아니라고 밝혀져도 그 여학생은 결국 전교생들의 왕따가 되고 맙니다.

부모들은 SNS를 차단하고 앱을 삭제하면 되지 않느냐고 말합니다. 하지만 아이들에겐 SNS가 대화 채널입니다. SNS를 차단하면 나를 위협하는 사람들뿐만 아니라 나와 친한 친구들과의 소통도 차단됩니다. 어른들의 생각처럼 간단한 일이 아니지요. 아이들은 내가 빠진 단톡방에서 어떤 일이 생기는지 모르는 것을 공포로 여깁니다.

아이들의 SNS를 부모는 들여다볼 수 없습니다. 그래서 어른들은 사건이 커지고 나서야 알게 됩니다. 그래서 평소에 아이들과 SNS에서 일어날 수 있는 일들을 같이 얘기해보는 시간을 가져야 합니다. 그리고 생길지도 모르는 일들에 대해 함께 대처 방안을 의논해보는 것이 좋습니다.

'내 자식은 내가 잘 알아'는
부모의 착각

상담을 해보면 의외로 부모는 자녀에 대해 잘 모릅니다. 그래서 가해학
생의 부모로 불려가면 많은 부모가 "우리 아이가 그런 아이가 아닌데,
그럴 리가 없는데……"라고 합니다. 《나는 가해자의 엄마입니다》를 쓴
수 클리볼드도 이렇게 적었습니다.

> 어느 날 나는 포도 넝쿨 너머에서 동료가 이렇게 말하는 걸 우연히
> 엿들었다. '아이가 그런 일을 겪는데 엄마가 모른다는 건 말도 안
> 돼요.' 그 동료와 내가 친한 사이였기 때문에 나는 상처를 받았다.
> 동료가 내가 딜런의 계획을 알았다고 생각하는 것, 딜런이 자신과
> 다른 사람들의 목숨을 끊을 계획을 세우는데도 수수방관하고 있었
> 다고 생각한다는 것을 알자 딜런이 죽은 직후처럼 돌 연마기 속으

로 다시 들어간 것 같았다.

이는 가해학생의 부모뿐만 아니라 피해학생의 부모도 마찬가지입니다. 《세상에서 가장 길었던 하루》를 쓴 임지영은 대구에서 일어난 학교폭력으로 자살한 아들의 엄마이고 교사입니다. 그녀는 책에서 이런 말을 했습니다.

내 자식을 죽음에 이르게 한 문자를 확인할 때마다 사실인지 아닌지 이제는 확인조차 하기 어려운 온갖 자살 징조에 대한 상념이 마음을 어지럽혔다. 이런 일이 벌어지기 전에 학교에 찾아가 확인을 하고 친구들을 만나 누가 무엇을 어떻게 했는지 밝혀냈다면 죽음만은 막을 수도 있었을 것을……. 내가 교사라는 사실 때문에 그동안 아무것도 보지 못하고 늘 교사 입장에서만 이해하려 들었다. 극성스런 학부모라는 오해를 받지 않으려고 내 자식에게 체벌을 가해도 좋고 꾸중을 해도 좋으니 모든 것을 선생님께 맡긴다고 했던 나 자신을 통곡하면서 저주하고 또 저주했다.

저 역시 이 두 권의 책을 읽으며 공감했습니다. 한편으로는 '아이를 어떻게 모를 수 있지?' 했습니다.

두 엄마의 공통점이 또 있습니다. 평소에 자녀와 사이가 좋았고 대화도 잘되는 가족이었다는 점입니다. 어떤 독자는 엄마가 이렇게 말하는 것이 '나는 아이를 잘 키웠는데……' 하는 변명처럼 느껴진다고 했습니다. 그럴 수 있습니다. 저 역시 그동안 아들을 통해 들은 말과 그 사건에 대해 직접 쓴 글을 보며 '내가 몰랐던 것도 있구나' 하고 생각했거든요. 제가 모르는 아들의 모습은 더 많을지도 모릅니다.

그전에 저는 부모와 자녀 사이에 대화가 잘되면, 혹은 부모가 관심을 가지면 아이들의 일을 모를 수 없다고 생각했습니다. 하지만 부모와 대화가 되지 않아서, 가정환경이 좋지 않아서 그런 것이 아니었습니다. 아이들은 집에서 하는 행동과 밖에서 하는 행동이 다릅니다. 유치원생들조차 그렇습니다. 그러니 부모가 내 아이에 대해 다 안다고 생각하는 것은 큰 착각입니다.

아이가 일부러 부모를 속이려고 그런 것도 아닙니다. 상황에 따라 다른 모습을 보이는 것은 어느 아이나 같습니다. 부모에게 의논하고 싶은 것과 숨기고 싶은 것이 있는 것입니다. 집에서처럼 밖에서 행동한다면 그것이 오히려 더 큰 문제입니다.

고등학교 때 친구가 지속적으로 욕을 하는 것을 혼자 견뎠던 대학생에게 왜 부모님께 말씀드리지 않았는지 물었습니다. 그러자 "말씀드리면 엄마가 저보다 더 힘들어하셨을 거예요. 그래서 말씀드리지 않았어요"라고 대답했습니다. 맞습니다. 말해도 도움을 받을 수 없다고 생각하거나, 부모가 나보다 더 힘들어할 거라고 생각되면 아이들은 얘기하지 않습니다. 그러니 부모는 모를 수밖에 없습니다. 그래서 학교폭력 책임교사의 말처럼 아이에게 직접 물어봐야 합니다. 아니면 평소에 아이의 친구를 알아두면 오가다 만나면서 자연스럽게 물어볼 수 있습니다. "네가 보기에 우리 미순이 어떠니?" 그러면 아이의 친구들이 "미순이 이랬어요. 어제 이런 일이 있었는데"라고 말해줍니다.

그리고 무엇보다 부모가 먼저 단단해져야 합니다. 아이가 기댈 수 있는 든든한 버팀목이 돼주어야 합니다. 그래야 일이 커지기 전에 아이가 도움을 청해오고, 사건을 예방할 수 있습니다.

• 부록 관련 영화 및 도서 목록

영화 목록

강이관. <범죄 소년>. 2012.

김용한. <돈 크라이 마미>. 2012.

김의석. <죄 많은 소녀>. 2018.

나카시마 테츠야. <고백>. 2011.

박홍식. <천국의 아이들>. 2012.

신동석. <살아남은 아이>. 2018.

신성섭. <천 번을 불러도>. 2014.

신재호. <응징자>. 2013.

윤가은. <우리들>. 2016.

이송희일. <야간비행>. 2014.

이수진. <한공주>. 2014.

이한. <우아한 거짓말>. 2014.

이환. <박화영, 니들은 나 없으면 어쩔 뻔 봤냐?>. 2018.

도서 목록

김려령. 《우아한 거짓말》. 창비. 2009.

김성호. 《소년법, 폐지해야 할까?》. 내인생의책. 2018.

김영하. 《너의 목소리가 들려》. 문학동네. 2012.

베르나르 올리비에 외. 《쇠이유, 문턱이라는 이름의 기적》. 효형출판. 2014.

로레인 수투츠만 암스투츠 외. 《학교 현장을 위한 회복적 학생생활교육》. 대장간. 2017.

로레인 수투츠만 암스투츠. 《피해자 가해자 대화 모임》. KAP. 2015.

수 클리볼드. 《나는 가해자의 엄마입니다》. 반비. 2016.

SBS스페셜 제작팀. 《학교의 눈물》. 프롬북스. 2013.

오카모토 시게키. 《반성의 역설》. 유아이북스. 2014.

오쿠다 히데오. 《침묵의 거리에서》(총 2권). 민음사. 2014.

이금이. 《유진과 유진》. 푸른책들. 2004.

이보람. 《교사와 학부모를 위한 학교폭력 대처법》. 시대의창. 2014.

임여주. 《열세 살, 학교폭력 어떡하죠?》. 위즈덤하우스. 2014.

임지영. 《세상에서 가장 길었던 하루》. 형설라이프. 2012.

천종호. 《아니야, 우리가 미안하다》. 우리학교. 2013.

천종호. 《이 아이들에게도 아버지가 필요합니다》. 우리학교. 2015.

천종호. 《호통판사 천종호의 변명》. 우리학교. 2018.

히가시노 게이고. 《붉은 손가락》. 현대문학. 2007.

어느 날 갑자기
가해자 엄마가
되었습니다

Suddenly I became a mother of perpetrator one day.

초판 1쇄 발행 | 2020년 4월 28일

지은이 | 정승훈
발행인 | 이종원
발행처 | (주)도서출판 길벗
출판사 등록일 | 1990년 12월 24일
주소 | 서울시 마포구 월드컵로 10길 56(서교동)
대표 전화 | 02)332-0931 | 팩스 · 02)323-0586
홈페이지 | www.gilbut.co.kr | 이메일 · gilbut@gilbut.co.kr

기획 및 책임편집 | 최준란(chran71@gilbut.co.kr) | 디자인 · 최주연
제작 · 이준호, 손일순, 이진혁 | 영업마케팅 · 진창섭, 강요한 | 웹마케팅 · 조승모, 황승호
영업관리 · 김명자, 심선숙, 정경화 | 독자지원 · 송혜란, 홍혜진

기획 · 이진아콘텐츠컬렉션 | 교정교열 · 장도영프로젝트 | 전산편집 · 수디자인 | 일러스트 · 김경진
CTP 출력 및 인쇄 · 교보피앤비 | 제본 · 경문제책

● 잘못된 책은 구입한 서점에서 바꿔 드립니다.
● 이 책에 실린 모든 내용은 허락 없이 복제하거나 다른 매체에 옮겨 실을 수 없습니다.

ISBN 979-11-6521-107-3 03590
(길벗 도서번호 050141)

ⓒ정승훈, 2020

독자의 1초를 아껴주는 정성 길벗출판사
{{{ (주)도서출판 길벗 }}} IT실용, IT/일반 수험서, 경제경영, 취미실용, 인문교양(더퀘스트), 자녀교육 www.gilbut.co.kr
{{{ 길벗이지톡 }}} 어학단행본, 어학수험서 www.gilbut.co.kr
{{{ 길벗스쿨 }}} 국어학습, 수학학습, 어린이교양, 주니어 어학학습, 교과서 www.gilbutschool.co.kr

이 도서의 국립중앙도서관 출판예정도서목록(CIP)은 서지정보유통지원시스템
홈페이지(http://seoji.nl.go.kr)와 국가자료종합목록 구축시스템(http://kolis-
net.nl.go.kr)에서 이용하실 수 있습니다. (CIP제어번호 : CIP2020011290)

학교폭력
예방법

최신 개정안&시행안

길벗

1.

학교폭력
예방 및
대책에 관한
법률

(2020년 3월 1일 시행)

학교폭력 예방 및 대책에 관한 법률 (약칭: 학교폭력예방법)

[시행 2020년 3월 1일] [법률 제16441호, 2019년 8월 20일 일부 개정]

출처: 교육부(학교생활문화과)

제1조(목적)

이 법은 학교폭력의 예방과 대책에 필요한 사항을 규정함으로써 피해학생의 보호, 가해학생의 선도·교육 및 피해학생과 가해학생 간의 분쟁 조정을 통하여 학생의 인권을 보호하고 학생을 건전한 사회구성원으로 육성함을 목적으로 한다.

제2조(정의)

이 법에서 사용하는 용어의 정의는 다음 각 호와 같다. <개정 2009년 5월 8일, 2012년 1월 26일, 2012년 3월 21일>

1. '학교폭력'이란 학교 내외에서 학생을 대상으로 발생한 상해, 폭행, 감금, 협박, 약취·유인, 명예훼손·모욕, 공갈, 강요·강제적인 심부름 및 성폭력, 따돌림, 사이버 따돌림, 정보통신망을 이용한 음란·폭력 정보 등에 의하여 신체·정신 또는 재산상의 피해를 수반하는 행위를 말한다.

   1의 2. '따돌림'이란 학교 내외에서 2명 이상의 학생들이 특정인이나 특정 집단의 학생들을 대상으로 지속적이거나 반복적으로 신체적 또는 심리적 공격을 가하여 상대방이 고통을 느끼도록 하는 일체의 행위를 말한다.

   1의 3. '사이버 따돌림'이란 인터넷·휴대전화 등 정보통신 기기를 이용하여 학생들이 특정 학생들을 대상으로 지속적·반복적으로 심리적 공격을 가하거나, 특정 학생과 관련된 개인정보 또는 허위사실을 유포하여 상대방이 고통을 느끼도록 하는 일체의 행위를 말한다.

2. '학교'란 「초·중등 교육법」 제2조에 따른 초등학교·중학교·고등학교·특수학교 및 각종 학교와 같은 법 제61조에 따라 운영하는 학교를 말한다.

3. '가해학생'이란 가해자 중에서 학교폭력을 행사하거나 그 행위에 가담한 학생을 말한다.

4. '피해학생'이란 학교폭력으로 인하여 피해를 입은 학생을 말한다.

5. '장애학생'이란 신체적·정신적·지적 장애 등으로 「장애인 등에 대한 특수교육법」 제15조에서 규정하는 특수교육을 필요로 하는 학생을 말한다.

제3조(해석·적용의 주의 의무)

이 법을 해석·적용함에 있어서 국민의 권리가 부당하게 침해되지 아니하도록 주의하여야 한다.

제4조(국가 및 지방자치단체의 책무)

❶ 국가 및 지방자치단체는 학교폭력을 예방하고 근절하기 위하여 조사·연구·교육·계도 등 필요한 법적·제도적 장치를 마련하여야 한다.

❷ 국가 및 지방자치단체는 청소년 관련 단체 등 민간의 자율적인 학교폭력 예방 활동과 피해학생의 보호 및 가해학생의 선도·교육 활동을 장려하여야 한다.

❸ 국가 및 지방자치단체는 제2항에 따른 청소년 관련 단체 등 민간이 건의한 사항에 대하여는 관련 시책에 반영하도록 노력하여야 한다.

❹ 국가 및 지방자치단체는 제1항부터 제3항까지의 규정에 따른 책무를 다하기 위하여 필요한 행정적·재정적 지원을 하여야 한다. <개정 2012년 3월 21일>

제5조(다른 법률과의 관계)

❶ 학교폭력의 규제, 피해학생의 보호 및 가해학생에 대한 조치에 있어서 다른 법률에 특별한 규정이 있는 경우를 제외하고는 이 법을 적용한다.

❷ 제2조 제1호 중 성폭력은 다른 법률에 규정이 있는 경우에는 이 법을 적용하지 아니한다.

제6조(기본계획의 수립 등)

❶ 교육부장관은 이 법의 목적을 효율적으로 달성하기 위하여 학교폭력의 예방 및 대책에 관한 정책 목표·방향을 설정하고, 이에 따른 학교폭력의 예방 및 대책에 관한 기본계획(이하 '기본계획'이라 한다)을 제7조에 따른 학교폭력대책위원회의 심의를 거쳐 수립·시행하여야 한다. <개정 2012년 3월 21일, 2013년 3월 23일>

❷ 기본계획은 다음 각 호의 사항을 포함하여 5년마다 수립하여야 한다. 이 경우 교육부장관은 관계 중앙행정기관 등의 의견을 수렴하여야 한다. <개정 2012년 3월 21일, 2013년 3월 23일>

1. 학교폭력의 근절을 위한 조사·연구·교육 및 계도

2. 피해학생에 대한 치료·재활 등의 지원

3. 학교폭력 관련 행정기관 및 교육기관 상호 간의 협조·지원

4. 제14조 제1항에 따른 전문상담교사의 배치 및 이에 대한 행정적·재정적 지원

5. 학교폭력의 예방과 피해학생 및 가해학생의 치료·교육을 수행하는 청소년 관련 단체(이하 '전문단체'라 한다) 또는 전문가에 대한 행정적·재정적 지원

6. 그 밖에 학교폭력의 예방 및 대책을 위하여 필요한 사항

❸ 교육부장관은 대통령령으로 정하는 바에 따라 특별시·광역시·특별자치시·도 및 특별자치도(이하 '시·도'라 한다) 교육청의 학교폭력 예방 및 대책과 그에 대한 성과를 평가하고, 이를 공표하여야 한다. <신설 2012년 1월 26일, 2013년 3월 23일>

제7조(학교폭력대책위원회의 설치·기능)

학교폭력의 예방 및 대책에 관한 다음 각 호의 사항을 심의하기 위하여 국무총리 소속으로 학교폭력대책위원회(이하 '대책위원회'라 한다)를 둔다. <개정 2012년 3월 21일, 2019년 8월 20일>

1. 학교폭력의 예방 및 대책에 관한 기본계획의 수립 및 시행에 대한 평가

2. 학교폭력과 관련하여 관계 중앙행정기관 및 지방자치단체의 장이 요청하는 사항

3. 학교폭력과 관련하여 교육청, 제9조에 따른 학교폭력대책지역위원회, 제10조의2에 따른 학교폭력대책지역협의회, 제12조에 따른 학교폭력대책심의위원회, 전문단체 및 전문가가 요청하는 사항

[제목 개정 2012년 3월 21일]

제8조(대책위원회의 구성)

❶ 대책위원회는 위원장 2명을 포함하여 20명 이내의 위원으로 구성한다.

❷ 위원장은 국무총리와 학교폭력 대책에 관한 전문지식과 경험이 풍부한 전문가 중에서 대통령이 위촉하는 사람이 공동으로 되고, 위원장 모두가 부득이한 사유로 직무를 수행할 수 없을 때에는 국무총리가 지명한 위원이 그 직무를 대행한다.

❸ 위원은 다음 각 호의 사람 중에서 대통령이 위촉하는 사람으로 한다. 다만, 제1호의 경우에는 당연직 위원으로 한다. <개정 2013년 3월 23일, 2014년 11월 19일, 2017년 7월 26일>

1. 기획재정부장관, 교육부장관, 과학기술정보통신부장관, 법무부장관, 행정안전부장관, 문화체육관광부장관, 보건복지부장관, 여성가족부장관, 방송통신위원회위원장, 경찰청장

2. 학교폭력 대책에 관한 전문지식과 경험이 풍부한 전문가 중에서 제1호의 위원이 각각 1명씩 추천하는 사람

3. 관계 중앙행정기관에 소속된 3급 공무원 또는 고위 공무원단에 속하는 공무원으로서 청소년 또는 의료 관련 업무를 담당하는 사람

4. 대학이나 공인된 연구기관에서 조교수 이상 또는 이에 상당한 직에 있거나 있었

던 사람으로서 학교폭력 문제 및 이에 따른 상담 또는 심리에 관하여 전문지식이 있는 사람

5. 판사·검사·변호사

6. 전문단체에서 청소년 보호 활동을 5년 이상 전문적으로 담당한 사람

7. 의사의 자격이 있는 사람

8. 학교운영위원회 활동 및 청소년 보호 활동 경험이 풍부한 학부모

❹ 위원장을 포함한 위원의 임기는 2년으로 하되, 1차에 한하여 연임할 수 있다.

❺ 위원회의 효율적 운영 및 지원을 위하여 간사 1명을 두되, 간사는 교육부장관이 된다. <개정 2013년 3월 23일>

❻ 위원회에 상정할 안건을 미리 검토하는 등 안건 심의를 지원하고, 위원회가 위임한 안건을 심의하기 위하여 대책위원회에 학교폭력대책실무위원회(이하 '실무위원회'라 한다)를 둔다.

❼ 그 밖에 대책위원회의 운영과 실무위원회의 구성 · 운영에 필요한 사항은 대통령령으로 정한다.

[전문 개정 2012년 3월 21일]

제9조(학교폭력대책지역위원회의 설치)

❶ 지역의 학교폭력 문제를 해결하기 위하여 시·도에 학교폭력대책지역위원회(이하 '지역위원회'라 한다)를 둔다. <개정 2012년 1월 26일>

❷ 특별시장·광역시장·특별자치시장·도지사 및 특별자치도지사는 지역위원회의 운영 및 활동에 관하여 시·도의 교육감(이하 '교육감'이라 한다)과 협의하여야 하며, 그 효율적인 운영을 위하여 실무위원회를 둘 수 있다. <개정 2012년 1월 26일>

❸ 지역위원회는 위원장 1인을 포함한 11인 이내의 위원으로 구성한다.

❹ 지역위원회 및 제2항에 따른 실무위원회의 구성·운영에 필요한 사항은 대통령령으로 정한다.

제10조(학교폭력대책지역위원회의 기능 등)

❶ 지역위원회는 기본계획에 따라 지역의 학교폭력 예방 대책을 매년 수립한다.

❷ 지역위원회는 해당 지역에서 발생한 학교폭력에 대하여 교육감 및 지방경찰청장에게 관련 자료를 요청할 수 있다.

❸ 교육감은 지역위원회의 의견을 들어 제16조 제1항 제1호부터 제3호까지나 제17조 제1항 제5호에 따른 상담·치료 및 교육을 담당할 상담·치료·교육기관을 지정하여야 한

다. <개정 2012년 1월 26일>

❹ 교육감은 제3항에 따른 상담·치료·교육기관을 지정한 때에는 해당 기관의 명칭, 소재지, 업무를 인터넷 홈페이지에 게시하고, 그 밖에 다양한 방법으로 학부모에게 알릴 수 있도록 노력하여야 한다. <신설 2012년 1월 26일>

[제목 개정 2012년 1월 26일]

제10조의 2(학교폭력대책지역협의회의 설치·운영)

❶ 학교폭력 예방 대책을 수립하고 기관별 추진 계획 및 상호 협력·지원 방안 등을 협의하기 위하여 시·군·구에 학교폭력대책지역협의회(이하 '지역협의회'라 한다)를 둔다.

❷ 지역협의회는 위원장 1명을 포함한 20명 내외의 위원으로 구성한다.

❸ 그 밖에 지역협의회의 구성·운영에 필요한 사항은 대통령령으로 정한다.

[본조 신설 2012년 3월 21일]

제11조(교육감의 임무)

❶ 교육감은 시·도 교육청에 학교폭력의 예방과 대책을 담당하는 전담부서를 설치·운영하여야 한다.

❷ 교육감은 관할 구역 안에서 학교폭력이 발생한 때에는 해당 학교의 장 및 관련 학교의 장에게 그 경과 및 결과의 보고를 요구할 수 있다.

❸ 교육감은 관할 구역 안의 학교폭력이 관할 구역 외의 학교폭력과 관련이 있는 때에는 그 관할 교육감과 협의하여 적절한 조치를 취하여야 한다.

❹ 교육감은 학교의 장으로 하여금 학교폭력의 예방 및 대책에 관한 실시 계획을 수립·시행하도록 하여야 한다.

❺ 교육감은 제12조에 따른 심의위원회가 처리한 학교의 학교폭력 빈도를 학교의 장에 대한 업무수행 평가에 부정적 자료로 사용하여서는 아니 된다. <개정 2019년 8월 20일>

❻ 교육감은 제17조 제1항 제8호에 따른 전학의 경우 그 실현을 위하여 필요한 조치를 취하여야 하며, 제17조 제1항 제9호에 따른 퇴학 처분의 경우 해당 학생의 건전한 성장을 위하여 다른 학교 재입학 등의 적절한 대책을 강구하여야 한다. <개정 2012년 1월 26일, 2012년 3월 21일>

❼ 교육감은 대책위원회 및 지역위원회에 관할 구역 안의 학교폭력의 실태 및 대책에 관한 사항을 보고하고 공표하여야 한다. 관할 구역 밖의 학교폭력 관련 사항 중 관할 구역 안의 학교와 관련된 경우에도 또한 같다. <개정 2012년 1월 26일, 2012년 3월 21일>

❽ 교육감은 학교폭력의 실태를 파악하고 학교폭력에 대한 효율적인 예방 대책을 수립하기 위하여 학교폭력 실태 조사를 연 2회 이상 실시하고 그 결과를 공표하여야 한다.

<신설 2012년 3월 21일, 2015년 12월 22일>

❾ 교육감은 학교폭력 등에 관한 조사, 상담, 치유 프로그램 운영 등을 위한 전문기관을 설치·운영할 수 있다. <신설 2012년 3월 21일>

❿ 교육감은 관할 구역에서 학교폭력이 발생한 때에 해당 학교의 장 또는 소속 교원이 그 경과 및 결과를 보고함에 있어 축소 및 은폐를 시도한 경우에는 「교육공무원법」 제50조 및 「사립학교법」 제62조에 따른 징계위원회에 징계 의결을 요구하여야 한다. <신설 2012년 3월 21일>

⓫ 교육감은 관할 구역에서 학교폭력의 예방 및 대책 마련에 기여한 바가 큰 학교 또는 소속 교원에게 상훈을 수여하거나 소속 교원의 근무성적 평정에 가산점을 부여할 수 있다. <신설 2012년 3월 21일>

⓬ 제1항에 따라 설치되는 전담부서의 구성과 제8항에 따라 실시하는 학교폭력 실태조사 및 제9항에 따른 전문기관의 설치에 필요한 사항은 대통령령으로 정한다. <개정 2012년 3월 21일>

제11조의 2(학교폭력 조사·상담 등)

❶ 교육감은 학교폭력 예방과 사후조치 등을 위하여 다음 각 호의 조사·상담 등을 수행할 수 있다.

  1. 학교폭력 피해학생 상담 및 가해학생 조사
  2. 필요한 경우 가해학생 학부모 조사
  3. 학교폭력 예방 및 대책에 관한 계획의 이행 지도
  4. 관할 구역 학교폭력 서클 단속
  5. 학교폭력 예방을 위하여 민간 기관 및 업소 출입·검사
  6. 그 밖에 학교폭력 등과 관련하여 필요로 하는 사항

❷ 교육감은 제1항의 조사·상담 등의 업무를 대통령령으로 정하는 기관 또는 단체에 위탁할 수 있다.

❸ 교육감 및 제2항에 따른 위탁기관 또는 단체의 장은 제1항에 따른 조사·상담 등의 업무를 수행함에 있어 필요한 경우 관계 기관의 장에게 협조를 요청할 수 있다.

❹ 제1항에 따라 조사·상담 등을 하는 관계 직원은 그 권한을 표시하는 증표를 지니고 이를 관계인에게 보여주어야 한다.

❺ 제1항 제1호 및 제4호의 조사 등의 결과는 학교의 장 및 보호자에게 통보하여야 한다.

[본조 신설 2012년 3월 21일]

제11조의 3(관계 기관과의 협조 등)

❶ 교육부장관, 교육감, 지역 교육장, 학교의 장은 학교폭력과 관련한 개인정보 등을 경찰청장, 지방경찰청장, 관할 경찰서장 및 관계 기관의 장에게 요청할 수 있다. <개정 2013년 3월 23일>

❷ 제1항에 따라 정보 제공을 요청받은 경찰청장, 지방경찰청장, 관할 경찰서장 및 관계 기관의 장은 특별한 사정이 없으면 이에 응하여야 한다.

❸ 제1항 및 제2항에 따른 관계 기관과의 협조 사항 및 절차 등에 필요한 사항은 대통령령으로 정한다.

[본조 신설 2012년 3월 21일]

제12조(학교폭력대책심의위원회의 설치·기능)

❶ 학교폭력의 예방 및 대책에 관련된 사항을 심의하기 위하여 「지방교육자치에 관한 법률」 제34조 및 「제주특별자치도 설치 및 국제자유도시 조성을 위한 특별법」 제80조에 따른 교육지원청(교육지원청이 없는 경우 해당 시·도 조례로 정하는 기관으로 한다. 이하 같다)에 학교폭력대책심의위원회(이하 '심의위원회'라 한다)를 둔다. 다만, 심의위원회 구성에 있어 대통령령으로 정하는 사유가 있는 경우에는 교육감 보고를 거쳐 둘 이상의 교육지원청이 공동으로 심의위원회를 구성할 수 있다. <개정 2012년 1월 26일, 2019년 8월 20일>

❷ 심의위원회는 학교폭력의 예방 및 대책 등을 위하여 다음 각 호의 사항을 심의한다. <개정 2012년 1월 26일, 2019년 8월 20일>

1. 학교폭력의 예방 및 대책

2. 피해학생의 보호

3. 가해학생에 대한 교육, 선도 및 징계

4. 피해학생과 가해학생 간의 분쟁 조정

5. 그 밖에 대통령령으로 정하는 사항

❸ 심의위원회는 해당 지역에서 발생한 학교폭력에 대하여 조사할 수 있고 학교장 및 관할 경찰서장에게 관련 자료를 요청할 수 있다. <신설 2012년 3월 21일, 2019년 8월 20일>

❹ 심의위원회의 설치·기능 등에 필요한 사항은 지역 및 교육지원청의 규모 등을 고려하여 대통령령으로 정한다. <개정 2012년 3월 21일, 2019년 8월 20일>

[제목 개정 2019년 8월 20일]

제13조(심의위원회의 구성·운영)

❶ 심의위원회는 10명 이상 50명 이내의 위원으로 구성하되, 전체 위원의 3분의 1 이

상을 해당 교육지원청 관할 구역 내 학교(고등학교를 포함한다)에 소속된 학생의 학부모로 위촉하여야 한다. <개정 2019년 8월 20일>

❷ 심의위원회의 위원장은 다음 각 호의 어느 하나에 해당하는 경우에 회의를 소집하여야 한다. <신설 2011년 5월 19일, 2012년 1월 26일, 2012년 3월 21일, 2019년 8월 20일>

1. 심의위원회 재적위원 4분의 1 이상이 요청하는 경우

2. 학교의 장이 요청하는 경우

3. 피해학생 또는 그 보호자가 요청하는 경우

4. 학교폭력이 발생한 사실을 신고받거나 보고받은 경우

5. 가해학생이 협박 또는 보복한 사실을 신고받거나 보고받은 경우

6. 그 밖에 위원장이 필요하다고 인정하는 경우

❸ 심의위원회는 회의의 일시, 장소, 출석위원, 토의 내용 및 의결 사항 등이 기록된 회의록을 작성·보존하여야 한다. <신설 2011년 5월 19일, 2019년 8월 20일>

❹ 그 밖에 심의위원회의 구성·운영에 필요한 사항은 대통령령으로 정한다. <개정 2011년 5월 19일, 2019년 8월 20일>

제13조의 2(학교의 장의 자체 해결)

❶ 제13조 제2항 제4호 및 제5호에도 불구하고 피해학생 및 그 보호자가 심의위원회의 개최를 원하지 아니하는 다음 각 호에 모두 해당하는 경미한 학교폭력의 경우 학교의 장은 학교폭력 사건을 자체적으로 해결할 수 있다. 이 경우 학교의 장은 지체 없이 이를 심의위원회에 보고하여야 한다.

1. 2주 이상의 신체적·정신적 치료를 요하는 진단서를 발급받지 않은 경우

2. 재산상 피해가 없거나 즉각 복구된 경우

3. 학교폭력이 지속적이지 않은 경우

4. 학교폭력에 대한 신고, 진술, 자료 제공 등에 대한 보복 행위가 아닌 경우

❷ 학교의 장은 제1항에 따라 사건을 해결하려는 경우 다음 각 호에 해당하는 절차를 모두 거쳐야 한다.

1. 피해학생과 그 보호자의 심의위원회 개최 요구 의사의 서면 확인

2. 학교폭력의 경중에 대한 제14조 제3항에 따른 전담기구의 서면 확인 및 심의

❸ 그 밖에 학교의 장이 학교폭력을 자체적으로 해결하는 데 필요한 사항은 대통령령으로 정한다.

[본조 신설 2019년 8월 20일]

제14조(전문상담교사 배치 및 전담기구 구성)

❶ 학교의 장은 학교에 대통령령으로 정하는 바에 따라 상담실을 설치하고, 「초·중등교육법」 제19조의 2에 따라 전문상담교사를 둔다.

❷ 전문상담교사는 학교의 장 및 심의위원회의 요구가 있는 때에는 학교폭력에 관련된 피해학생 및 가해학생과의 상담 결과를 보고하여야 한다. <개정 2019년 8월 20일>

❸ 학교의 장은 교감, 전문상담교사, 보건교사 및 책임교사(학교폭력 문제를 담당하는 교사를 말한다), 학부모 등으로 학교폭력 문제를 담당하는 전담기구(이하 '전담기구'라 한다)를 구성한다. 이 경우 학부모는 전담기구 구성원의 3분의 1 이상이어야 한다. <개정 2012년 3월 21일, 2019년 8월 20일>

❹ 학교의 장은 학교폭력 사태를 인지한 경우 지체 없이 전담기구 또는 소속 교원으로 하여금 가해 및 피해 사실 여부를 확인하도록 하고, 전담기구로 하여금 제13조의 2에 따른 학교의 장의 자체 해결 부의 여부를 심의하도록 한다. <신설 2019년 8월 20일>

❺ 전담기구는 학교폭력에 대한 실태 조사(이하 '실태 조사'라 한다)와 학교폭력 예방 프로그램을 구성·실시하며, 학교의 장 및 심의위원회의 요구가 있는 때에는 학교폭력에 관련된 조사 결과 등 활동 결과를 보고하여야 한다. <개정 2012년 3월 21일, 2019년 8월 20일>

❻ 피해학생 또는 피해학생의 보호자는 피해 사실 확인을 위하여 전담기구에 실태 조사를 요구할 수 있다. <신설 2009년 5월 8일, 2012년 3월 21일, 2019년 8월 20일>

❼ 국가 및 지방자치단체는 실태 조사에 관한 예산을 지원하고, 관계 행정기관은 실태 조사에 협조하여야 하며, 학교의 장은 전담기구에 행정적·재정적 지원을 할 수 있다. <개정 2009년 5월 8일, 2012년 3월 21일, 2019년 8월 20일>

❽ 전담기구는 성폭력 등 특수한 학교폭력 사건에 대한 실태 조사의 전문성을 확보하기 위하여 필요한 경우 전문기관에 그 실태 조사를 의뢰할 수 있다. 이 경우 그 의뢰는 심의위원회 위원장의 심의를 거쳐 학교의 장 명의로 하여야 한다. <신설 2012년 1월 26일, 2012년 3월 21일, 2019년 8월 20일>

❾ 그 밖에 전담기구 운영 등에 필요한 사항은 대통령령으로 정한다. <신설 2012년 3월 21일, 2019년 8월 20일>

제15조(학교폭력 예방 교육 등)

❶ 학교의 장은 학생의 육체적·정신적 보호와 학교폭력의 예방을 위한 학생들에 대한 교육(학교폭력의 개념·실태 및 대처 방안 등을 포함하여야 한다)을 학기별로 1회 이상 실시하여야 한다. <개정 2012년 1월 26일>

❷ 학교의 장은 학교폭력의 예방 및 대책 등을 위한 교직원 및 학부모에 대한 교육을 학기별로 1회 이상 실시하여야 한다. <개정 2012년 3월 21일>

❸ 학교의 장은 제1항에 따른 학교폭력 예방 교육 프로그램의 구성 및 그 운용 등을 전

담기구와 협의하여 전문단체 또는 전문가에게 위탁할 수 있다.

❹ 교육장은 제1항부터 제3항까지의 규정에 따른 학교폭력 예방 교육 프로그램의 구성과 운용 계획을 학부모가 쉽게 확인할 수 있도록 인터넷 홈페이지에 게시하고, 그 밖에 다양한 방법으로 학부모에게 알릴 수 있도록 노력하여야 한다. <개정 2012년 1월 26일>

❺ 그 밖에 학교폭력 예방 교육의 실시와 관련한 사항은 대통령령으로 정한다. <개정 2011년 5월 19일>

[제목 개정 2011년 5월 19일]

제16조(피해학생의 보호)

❶ 심의위원회는 피해학생의 보호를 위하여 필요하다고 인정하는 때에는 피해학생에 대하여 다음 각 호의 어느 하나에 해당하는 조치(수 개의 조치를 병과하는 경우를 포함한다)를 할 것을 교육장(교육장이 없는 경우 제12조 제1항에 따라 조례로 정한 기관의 장으로 한다. 이하 같다)에게 요청할 수 있다. 다만, 학교의 장은 피해학생의 보호를 위하여 긴급하다고 인정하거나 피해학생이 긴급보호의 요청을 하는 경우에는 제1호, 제2호 및 제6호의 조치를 할 수 있다. 이 경우 학교의 장은 심의위원회에 즉시 보고하여야 한다. <개정 2012년 3월 21일, 2017년 4월 18일, 2019년 8월 20일>

1. 학내외 전문가에 의한 심리 상담 및 조언

2. 일시 보호

3. 치료 및 치료를 위한 요양

4. 학급 교체

5. 삭제 <2012년 3월 21일>

6. 그 밖에 피해학생의 보호를 위하여 필요한 조치

❷ 심의위원회는 제1항에 따른 조치를 요청하기 전에 피해학생 및 그 보호자에게 의견 진술의 기회를 부여하는 등 적정한 절차를 거쳐야 한다. <신설 2012년 3월 21일, 2019년 8월 20일>

❸ 제1항에 따른 요청이 있는 때에는 교육장은 피해학생의 보호자의 동의를 받아 7일 이내에 해당 조치를 하여야 한다. <개정 2012년 3월 21일, 2019년 8월 20일>

❹ 제1항의 조치 등 보호가 필요한 학생에 대하여 학교의 장이 인정하는 경우 그 조치에 필요한 결석을 출석일수에 산입할 수 있다. <개정 2012년 3월 21일>

❺ 학교의 장은 성적 등을 평가함에 있어서 제3항에 따른 조치로 인하여 학생에게 불이익을 주지 아니하도록 노력하여야 한다. <개정 2012년 3월 21일>

❻ 피해학생이 전문단체나 전문가로부터 제1항 제1호부터 제3호까지의 규정에 따른 상담 등을 받는 데에 사용되는 비용은 가해학생의 보호자가 부담하여야 한다. 다만, 피

해학생의 신속한 치료를 위하여 학교의 장 또는 피해학생의 보호자가 원하는 경우에는 「학교 안전사고 예방 및 보상에 관한 법률」 제15조에 따른 학교안전공제회 또는 시·도 교육청이 부담하고 이에 대한 구상권을 행사할 수 있다. <개정 2012년 1월 26일, 2012년 3월 21일>

1. 삭제 <2012년 3월 21일>

2. 삭제 <2012년 3월 21일>

❼ 학교의 장 또는 피해학생의 보호자는 필요한 경우 「학교 안전사고 예방 및 보상에 관한 법률」 제34조의 공제급여를 학교안전공제회에 직접 청구할 수 있다. <신설 2012년 1월 26일, 2012년 3월 21일>

❽ 피해학생의 보호 및 제6항에 따른 지원 범위, 구상 범위, 지급 절차 등에 필요한 사항은 대통령령으로 정한다. <신설 2012년 3월 21일>

제16조의 2(장애학생의 보호)

❶ 누구든지 장애 등을 이유로 장애학생에게 학교폭력을 행사하여서는 아니 된다.

❷ 심의위원회는 학교폭력으로 피해를 입은 장애학생의 보호를 위하여 장애인·상담가의 상담 또는 장애인 전문치료기관의 요양 조치를 학교의 장에게 요청할 수 있다. <개정 2019년 8월 20일>

❸ 제2항에 따른 요청이 있는 때에는 학교의 장은 해당 조치를 하여야 한다. 이 경우 제16조 제6항을 준용한다. <개정 2012년 3월 21일>

[본조 신설 2009년 5월 8일]

제17조(가해학생에 대한 조치)

❶ 심의위원회는 피해학생의 보호와 가해학생의 선도·교육을 위하여 가해학생에 대하여 다음 각 호의 어느 하나에 해당하는 조치(수 개의 조치를 병과하는 경우를 포함한다)를 할 것을 교육장에게 요청하여야 하며, 각 조치별 적용 기준은 대통령령으로 정한다. 다만, 퇴학 처분은 의무교육 과정에 있는 가해학생에 대하여는 적용하지 아니한다. <개정 2009년 5월 8일, 2012년 1월 26일, 2012년 3월 21일, 2019년 8월 20일>

1. 피해학생에 대한 서면 사과

2. 피해학생 및 신고·고발 학생에 대한 접촉, 협박 및 보복 행위의 금지

3. 학교에서의 봉사

4. 사회봉사

5. 학내외 전문가에 의한 특별교육 이수 또는 심리 치료

6. 출석 정지

7. 학급 교체

8. 전학

9. 퇴학 처분

❷ 제1항에 따라 심의위원회가 교육장에게 가해학생에 대한 조치를 요청할 때 그 이유가 피해학생이나 신고·고발 학생에 대한 협박 또는 보복 행위일 경우에는 같은 항 각 호의 조치를 병과하거나 조치 내용을 가중할 수 있다. <신설 2012년 3월 21일, 2019년 8월 20일>

❸ 제1항 제2호부터 제4호까지 및 제6호부터 제8호까지의 처분을 받은 가해학생은 교육감이 정한 기관에서 특별교육을 이수하거나 심리 치료를 받아야 하며, 그 기간은 심의위원회에서 정한다. <개정 2012년 1월 26일, 2012년 3월 21일, 2019년 8월 20일>

❹ 학교의 장은 가해학생에 대한 선도가 긴급하다고 인정할 경우 우선 제1항 제1호부터 제3호까지, 제5호 및 제6호의 조치를 할 수 있으며, 제5호와 제6호는 병과 조치할 수 있다. 이 경우 심의위원회에 즉시 보고하여 추인을 받아야 한다. <개정 2012년 1월 26일, 2012년 3월 21일, 2019년 8월 20일>

❺ 심의위원회는 제1항 또는 제2항에 따른 조치를 요청하기 전에 가해학생 및 보호자에게 의견 진술의 기회를 부여하는 등 적정한 절차를 거쳐야 한다. <개정 2012년 3월 21일, 2019년 8월 20일>

❻ 제1항에 따른 요청이 있는 때에는 교육장은 14일 이내에 해당 조치를 하여야 한다. <개정 2012년 1월 26일, 2012년 3월 21일, 2019년 8월 20일>

❼ 학교의 장이 제4항에 따른 조치를 한 때에는 가해학생과 그 보호자에게 이를 통지하여야 하며, 가해학생이 이를 거부하거나 회피하는 때에는 학교의 장은 「초·중등교육법」 제18조에 따라 징계하여야 한다. <개정 2012년 3월 21일, 2019년 8월 20일>

❽ 가해학생이 제1항 제3호부터 제5호까지의 규정에 따른 조치를 받은 경우 이와 관련된 결석은 학교의 장이 인정하는 때에는 이를 출석일수에 산입할 수 있다. <개정 2012년 1월 26일, 2012년 3월 21일>

❾ 심의위원회는 가해학생이 특별교육을 이수할 경우 해당 학생의 보호자도 함께 교육을 받게 하여야 한다. <개정 2012년 3월 21일, 2019년 8월 20일>

❿ 가해학생이 다른 학교로 전학을 간 이후에는 전학 전의 피해학생 소속 학교로 다시 전학 올 수 없도록 하여야 한다. <신설 2012년 1월 26일, 2012년 3월 21일>

⓫ 제1항 제2호부터 제9호까지의 처분을 받은 학생이 해당 조치를 거부하거나 기피하는 경우 심의위원회는 제7항에도 불구하고 대통령령으로 정하는 바에 따라 추가로 다른 조치를 할 것을 교육장에게 요청할 수 있다. <신설 2012년 3월 21일, 2019년 8월 20일>

⓬ 가해학생에 대한 조치 및 제11조 제6항에 따른 재입학 등에 관하여 필요한 사항은 대통령령으로 정한다. <신설 2012년 3월 21일>

제17조의 2(행정심판)

❶ 교육장이 제16조 제1항 및 제17조 제1항에 따라 내린 조치에 대하여 이의가 있는 피해학생 또는 그 보호자는 「행정심판법」에 따른 행정심판을 청구할 수 있다. <신설 2012년 3월 21일, 2017년 11월 28일, 2019년 8월 20일>

❷ 교육장이 제17조 제1항에 따라 내린 조치에 대하여 이의가 있는 가해학생 또는 그 보호자는 「행정심판법」에 따른 행정심판을 청구할 수 있다. <개정 2012년 3월 21일, 2017년 11월 28일, 2019년 8월 20일>

❸ 제1항 및 제2항에 따른 행정심판 청구에 필요한 사항은 「행정심판법」을 준용한다. <개정 2019년 8월 20일>

❹ 삭제 <2019년 8월 20일>

❺ 삭제 <2019년 8월 20일>

❻ 삭제 <2019년 8월 20일>

[본조 신설 2012년 1월 26일]
[제목 개정 2019년 8월 20일]

제18조(분쟁 조정)

❶ 심의위원회는 학교폭력과 관련하여 분쟁이 있는 경우에는 그 분쟁을 조정할 수 있다. <개정 2019년 8월 20일>

❷ 제1항에 따른 분쟁의 조정 기간은 1개월을 넘지 못한다.

❸ 학교폭력과 관련한 분쟁 조정에는 다음 각 호의 사항을 포함한다. <개정 2019년 8월 20일>

  1. 피해학생과 가해학생 간 또는 그 보호자 간의 손해배상에 관련된 합의 조정

  2. 그 밖에 심의위원회가 필요하다고 인정하는 사항

❹ 심의위원회는 분쟁 조정을 위하여 필요하다고 인정하는 때에는 관계 기관의 협조를 얻어 학교폭력과 관련한 사항을 조사할 수 있다. <개정 2019년 8월 20일>

❺ 심의위원회가 분쟁 조정을 하고자 할 때에는 이를 피해학생·가해학생 및 그 보호자에게 통보하여야 한다. <개정 2019년 8월 20일>

❻ 시·도 교육청 관할 구역 안의 소속 교육지원청이 다른 학생 간에 분쟁이 있는 경우에는 교육감이 직접 분쟁을 조정한다. 이 경우 제2항부터 제5항까지의 규정을 준용한다. <개정 2019년 8월 20일>

❼ 관할 구역을 달리하는 시·도 교육청 소속 학교의 학생 간에 분쟁이 있는 경우에는 피해학생을 감독하는 교육감이 가해학생을 감독하는 교육감과의 협의를 거쳐 직접 분쟁을 조정한다. 이 경우 제2항부터 제5항까지의 규정을 준용한다. <개정 2019년 8월 20일>

제19조(학교의 장의 의무)

❶ 학교의 장은 제16조, 제16조의 2, 제17조에 따른 조치의 이행에 협조하여야 한다.

❷ 학교의 장은 학교폭력을 축소 또는 은폐해서는 아니 된다.

❸ 학교의 장은 교육감에게 학교폭력이 발생한 사실과 제13조의 2에 따라 학교의 장의 자체 해결로 처리된 사건, 제16조, 제16조의 2, 제17조 및 제18조에 따른 조치 및 그 결과를 보고하고, 관계 기관과 협력하여 교내 학교폭력 단체의 결성 예방 및 해체에 노력하여야 한다.

[전문 개정 2019년 8월 20일]

제20조(학교폭력의 신고 의무)

❶ 학교폭력 현장을 보거나 그 사실을 알게 된 자는 학교 등 관계 기관에 이를 즉시 신고하여야 한다.

❷ 제1항에 따라 신고를 받은 기관은 이를 가해학생 및 피해학생의 보호자와 소속 학교의 장에게 통보하여야 한다. <개정 2009년 5월 8일>

❸ 제2항에 따라 통보받은 소속 학교의 장은 이를 심의위원회에 지체 없이 통보하여야 한다. <신설 2009년 5월 8일, 2019년 8월 20일>

❹ 누구라도 학교폭력의 예비·음모 등을 알게 된 자는 이를 학교의 장 또는 심의위원회에 고발할 수 있다. 다만, 교원이 이를 알게 되었을 경우에는 학교의 장에게 보고하고 해당 학부모에게 알려야 한다. <개정 2009년 5월 8일, 2012년 1월 26일, 2019년 8월 20일>

❺ 누구든지 제1항부터 제4항까지에 따라 학교폭력을 신고한 사람에게 그 신고 행위를 이유로 불이익을 주어서는 아니 된다. <신설 2012년 3월 21일>

제20조의 2(긴급전화의 설치 등)

❶ 국가 및 지방자치단체는 학교폭력을 수시로 신고받고 이에 대한 상담에 응할 수 있도록 긴급전화를 설치하여야 한다.

❷ 국가와 지방자치단체는 제1항에 따른 긴급전화의 설치·운영을 대통령령으로 정하는 기관 또는 단체에 위탁할 수 있다. <신설 2012년 1월 26일>

❸ 제1항과 제2항에 따른 긴급전화의 설치·운영·위탁에 필요한 사항은 대통령령으로 정한다. <개정 2012년 1월 26일>

[본조 신설 2009년 5월 8일]

제20조의 3(정보통신망에 의한 학교폭력 등)

제2조 제1호에 따른 정보통신망을 이용한 음란·폭력 정보 등에 의한 신체상·정신상 피해에 관하여 필요한 사항은 따로 법률로 정한다.

[본조 신설 2012년 3월 21일]

제20조의 4(정보통신망의 이용 등)

❶ 국가·지방자치단체 또는 교육감은 학교폭력 예방 업무 등을 효과적으로 수행하기 위하여 필요한 경우 정보통신망을 이용할 수 있다.

❷ 국가·지방자치단체 또는 교육감은 제1항에 따라 정보통신망을 이용하여 학교 또는 학생(학부모를 포함한다)이 학교폭력 예방 업무 등을 수행하는 경우 다음 각 호의 어느 하나에 해당하는 비용의 전부 또는 일부를 지원할 수 있다.

1. 학교 또는 학생(학부모를 포함한다)이 전기통신 설비를 구입하거나 이용하는 데 소요되는 비용

2. 학교 또는 학생(학부모를 포함한다)에게 부과되는 전기통신 역무 요금

❸ 그 밖에 정보통신망의 이용 등에 관하여 필요한 사항은 대통령령으로 정한다.

[본조 신설 2012년 3월 21일]

제20조의 5(학생 보호 인력의 배치 등)

❶ 국가·지방자치단체 또는 학교의 장은 학교폭력을 예방하기 위하여 학교 내에 학생 보호 인력을 배치하여 활용할 수 있다.

❷ 다음 각 호의 어느 하나에 해당하는 사람은 학생 보호 인력이 될 수 없다. <신설 2013년 7월 30일>

1. 「국가공무원법」 제33조 각 호의 어느 하나에 해당하는 사람

2. 「아동·청소년의 성보호에 관한 법률」에 따른 아동·청소년 대상 성범죄 또는 「성폭력 범죄의 처벌 등에 관한 특례법」에 따른 성폭력 범죄를 범하여 벌금형을 선고받고 그 형이 확정된 날부터 10년이 지나지 아니하였거나, 금고 이상의 형이나 치료감호를 선고받고 그 집행이 끝나거나 집행이 유예·면제된 날부터 10년이 지나지 아니한 사람

3. 「청소년 보호법」 제2조 제5호 가목3) 및 같은 목 7)부터 9)까지의 청소년 출입·고용 금지 업소의 업주나 종사자

❸ 국가·지방자치단체 또는 학교의 장은 제1항에 따른 학생 보호 인력의 배치 및 활용 업무를 관련 전문기관 또는 단체에 위탁할 수 있다. <개정 2013년 7월 30일>

❹ 제3항에 따라 학생 보호 인력의 배치 및 활용 업무를 위탁받은 전문기관 또는 단체

는 그 업무를 수행함에 있어 학교의 장과 충분히 협의하여야 한다. <개정 2013년 7월 30일>

❺ 국가·지방자치단체 또는 학교의 장은 학생 보호 인력으로 배치하고자 하는 사람의 동의를 받아 경찰청장에게 그 사람의 범죄 경력을 조회할 수 있다. <신설 2013년 7월 30일>

❻ 제3항에 따라 학생 보호 인력의 배치 및 활용 업무를 위탁받은 전문기관 또는 단체는 해당 업무를 위탁한 국가·지방자치단체 또는 학교의 장에게 학생 보호 인력으로 배치하고자 하는 사람의 범죄 경력을 조회할 것을 신청할 수 있다. <신설 2013년 7월 30일>

❼ 학생 보호 인력이 되려는 사람은 국가·지방자치단체 또는 학교의 장에게 제2항 각 호의 어느 하나에 해당하지 아니한다는 확인서를 제출하여야 한다. <신설 2013년 7월 30일>

[본조 신설 2012년 3월 21일]

제20조의 6(학교 전담경찰관)

❶ 국가는 학교폭력 예방 및 근절을 위하여 학교폭력 업무 등을 전담하는 경찰관을 둘 수 있다.

❷ 제1항에 따른 학교 전담경찰관의 운영에 필요한 사항은 대통령령으로 정한다.

[본조 신설 2017년 11월 28일]
[종전 제20조의 6은 제20조의 7로 이동 <2017년 11월 28일>]

제20조의 7(영상정보 처리 기기의 통합 관제)

❶ 국가 및 지방자치단체는 학교폭력 예방 업무를 효과적으로 수행하기 위하여 교육감과 협의하여 학교 내외에 설치된 영상정보 처리 기기(「개인정보 보호법」 제2조 제7호에 따른 영상정보 처리 기기를 말한다. 이하 이 조에서 같다)를 통합하여 관제할 수 있다. 이 경우 국가 및 지방자치단체는 통합 관제 목적에 필요한 범위에서 최소한의 개인정보만을 처리하여야 하며, 그 목적 외의 용도로 활용하여서는 아니 된다.

❷ 제1항에 따라 영상정보 처리 기기를 통합 관제하려는 국가 및 지방자치단체는 공청회·설명회의 개최 등 대통령령으로 정하는 절차를 거쳐 관계 전문가 및 이해관계인의 의견을 수렴하여야 한다.

❸ 제1항에 따라 학교 내외에 설치된 영상정보 처리 기기가 통합 관제되는 경우 해당 학교의 영상정보 처리 기기 운영자는 「개인정보 보호법」 제25조 제4항에 따른 조치를 통하여 그 사실을 정보 주체에게 알려야 한다.

❹ 통합 관제에 관하여 이 법에서 규정한 것을 제외하고는 「개인정보 보호법」을 적용한다.

❺ 그 밖에 영상정보 처리 기기의 통합 관제에 필요한 사항은 대통령령으로 정한다.

[본조 신설 2012년 3월 21일]
[제20조의 6에서 이동 <2017년 11월 28일>]

제21조(비밀 누설 금지 등)

❶ 이 법에 따라 학교폭력의 예방 및 대책과 관련된 업무를 수행하거나 수행하였던 자는 그 직무로 인하여 알게 된 비밀 또는 가해학생·피해학생 및 제20조에 따른 신고자·고발자와 관련된 자료를 누설하여서는 아니 된다. <개정 2012년 1월 26일>

❷ 제1항에 따른 비밀의 구체적인 범위는 대통령령으로 정한다.

❸ 제16조, 제16조의 2, 제17조, 제17조의 2, 제18조에 따른 심의위원회의 회의는 공개하지 아니한다. 다만, 피해학생·가해학생 또는 그 보호자가 회의록의 열람·복사 등 회의록 공개를 신청한 때에는 학생과 그 가족의 성명, 주민등록번호 및 주소, 위원의 성명 등 개인정보에 관한 사항을 제외하고 공개하여야 한다. <개정 2011년 5월 19일, 2012년 3월 21일, 2019년 8월 20일>

제21조의 2(「지방교육자치에 관한 법률」에 관한 특례)

교육장은 「지방교육자치에 관한 법률」 제35조에도 불구하고 이 법에 따른 고등학교에서의 학교폭력 피해학생 보호, 가해학생 선도·교육 및 피해학생과 가해학생 간의 분쟁 조정 등에 관한 사무를 위임받아 수행할 수 있다.

[본조 신설 2019년 8월 20일]

제22조(벌칙)

제21조 제1항을 위반한 자는 1년 이하의 징역 또는 1천만 원 이하의 벌금에 처한다.

[전문 개정 2017년 11월 28일]

제23조(과태료)

❶ 제17조 제9항에 따른 심의위원회의 교육 이수 조치를 따르지 아니한 보호자에게는 300만 원 이하의 과태료를 부과한다. <개정 2019년 8월 20일>

❷ 제1항에 따른 과태료는 대통령령으로 정하는 바에 따라 교육감이 부과·징수한다.

[본조 신설 2017년 11월 28일]

부칙 <제16441호, 2019년 8월 20일>

제1조(시행일)

이 법은 2020년 3월 1일부터 시행한다. 다만, 제13조의 2의 개정 규정은 2019년 9월 1일부터 시행한다.

제2조(자치위원회 이관에 따른 특례)

❶ 2020년 3월 1일 전에 제13조의 2의 개정 규정을 적용하는 경우 '심의위원회'는 '자치위원회'로 본다.

❷ 이 법 시행 전에 자치위원회를 구성하는 경우 대통령령으로 정하는 바에 따라 전체 위원의 3분의 1 이상을 학부모 전체회의에서 직접 선출된 학부모 대표로 위촉할 수 있다.

제3조(자치위원회 심의 사항에 대한 경과 조치)

이 법 시행 당시 자치위원회에서 심의 중인 사항은 제12조의 개정 규정에도 불구하고 종전의 규정에 따라 자치위원회에서 심의한다. 이 경우 학부모위원은 학생의 졸업에도 불구하고 학부모위원 자격을 유지한다.

제4조(재심 청구에 관한 경과 조치)

❶ 제17조의 2의 개정 규정에도 불구하고 이 법 시행 전에 학교의 장으로부터 제16조 제1항 각 호 및 제17조 제1항 각 호의 조치를 받은 경우에는 종전의 규정에 따라 재심을 청구할 수 있다.

❷ 이 법 시행 당시 종전의 제17조의 2에 따라 재심이 진행 중인 사람에 대하여는 종전의 규정을 적용한다.

2.

학교폭력
예방 및
대책에 관한
법률 시행령

(2020년 3월 1일 시행)

학교폭력 예방 및 대책에 관한 법률 시행령 (약칭: 학교폭력예방법 시행령)

[시행 2020년 3월 1일] [대통령령 제30441호, 2020년 2월 25일, 일부 개정]

출처: 교육부(학교생활문화과)

제1조(목적)

이 영은 「학교폭력 예방 및 대책에 관한 법률」에서 위임된 사항과 그 시행에 필요한 사항을 규정함을 목적으로 한다.

제2조(성과 평가 및 공표)

「학교폭력 예방 및 대책에 관한 법률」(이하 '법'이라 한다) 제6조 제3항에 따른 학교폭력 예방 및 대책에 대한 성과는 「초·중등교육법」 제9조 제2항에 따른 지방교육행정기관에 대한 평가에 포함하여 평가하고, 이를 공표하여야 한다.

제3조(학교폭력대책위원회의 운영)

❶ 법 제7조에 따른 학교폭력대책위원회(이하 '대책위원회'라 한다)의 위원장은 회의를 소집하고, 그 의장이 된다.

❷ 대책위원회의 회의는 반기별로 1회 소집한다. 다만, 재적위원 3분의 1 이상이 요구하거나 위원장이 필요하다고 인정하는 경우에는 수시로 소집할 수 있다.

❸ 대책위원회의 위원장이 회의를 소집할 때에는 회의 개최 5일 전까지 회의 일시·장소 및 안건을 각 위원에게 알려야 한다. 다만, 긴급히 소집하여야 할 때에는 그러하지 아니하다.

❹ 대책위원회의 회의는 재적위원 과반수의 출석으로 개의(開議)하고, 출석위원 과반수의 찬성으로 의결한다.

❺ 대책위원회의 위원장은 필요하다고 인정할 때에는 학교폭력 예방 및 대책과 관련하여 전문가 등을 회의에 출석하여 발언하게 할 수 있다.

❻ 회의에 출석한 위원과 전문가 등에게는 예산의 범위에서 수당과 여비를 지급할 수 있다. 다만, 공무원인 위원이 그 소관 업무와 직접적으로 관련하여 회의에 출석하는 경우에는 그러하지 아니하다.

제3조의 2(대책위원회 위원의 해촉)

대통령은 법 제8조 제3항 제2호부터 제8호까지의 규정에 따른 대책위원회의 위원이 다음 각 호의 어느 하나에 해당하는 경우에는 해당 위원을 해촉(解囑)할 수 있다.

1. 심신장애로 인하여 직무를 수행할 수 없게 된 경우

2. 직무와 관련된 비위 사실이 있는 경우

3. 직무 태만, 품위 손상이나 그 밖의 사유로 인하여 위원으로 적합하지 아니하다고 인정되는 경우

4. 위원 스스로 직무를 수행하는 것이 곤란하다고 의사를 밝히는 경우

[본조 신설 2016년 5월 10일]

제4조(학교폭력대책실무위원회의 구성·운영)

❶ 법 제8조 제6항에 따른 학교폭력대책실무위원회(이하 '실무위원회'라 한다)는 위원장(이하 '실무위원장'이라 한다) 1명을 포함한 12명 이내의 위원으로 구성한다. <개정 2013년 3월 23일>

❷ 실무위원장은 교육부차관이 되고, 위원은 기획재정부, 교육부, 과학기술정보통신부, 법무부, 행정안전부, 문화체육관광부, 보건복지부, 여성가족부, 국무조정실 및 방송통신위원회의 고위 공무원단에 속하는 공무원과 경찰청의 치안감 또는 경무관 중에서 소속 기관의 장이 지명하는 사람 각 1명이 된다. <개정 2013년 3월 23일, 2014년 11월 19일, 2017년 7월 26일>

❸ 제2항에 따라 실무위원회의 위원을 지명한 자는 해당 위원이 제3조의 2 각 호의 어느 하나에 해당하는 경우에는 그 지명을 철회할 수 있다. <신설 2016년 5월 10일>

❹ 실무위원회의 사무를 처리하기 위하여 간사 1명을 두며, 간사는 교육부 소속 공무원 중에서 실무위원장이 지명하는 사람으로 한다. <개정 2013년 3월 23일, 2016년 5월 10일>

❺ 실무위원장이 부득이한 사유로 직무를 수행할 수 없을 때에는 실무위원장이 미리 지명하는 위원이 그 직무를 대행한다. <개정 2016년 5월 10일>

❻ 회의는 대책위원회 개최 전 또는 실무위원장이 필요하다고 인정할 때 소집한다. <개정 2016년 5월 10일>

❼ 실무위원회는 대책위원회의 회의에 부칠 안건 검토와 심의 지원 및 그 밖의 업무 수행을 위하여 필요한 경우에는 이해관계인 또는 관련 전문가를 출석하게 하여 의견을 듣거나 의견 제출을 요청할 수 있다. <개정 2016년 5월 10일>

❽ 실무위원장은 회의를 소집할 때에는 회의 개최 7일 전까지 회의 일시·장소 및 안건을 각 위원에게 알려야 한다. 다만, 긴급히 소집하여야 할 때에는 그러하지 아니하다. <개정 2016년 5월 10일>

제5조(학교폭력대책지역위원회의 구성·운영)

❶ 법 제9조 제1항에 따른 학교폭력대책지역위원회(이하 '지역위원회'라 한다)의 위원장은 특별시·광역시·특별자치시·도·특별자치도(이하 '시·도'라 한다)의 부단체장(특별시의 경우에는 행정(1)부시장, 광역시 및 도의 경우에는 행정부시장 및 행정부지사를 말한다)으로 한다.

❷ 지역위원회의 위원장은 회의를 소집하고, 그 의장이 된다.

❸ 지역위원회의 위원장이 부득이한 사유로 직무를 수행할 수 없을 때에는 지역위원회 위원장이 미리 지명하는 위원이 그 직무를 대행한다.

❹ 지역위원회의 위원은 학식과 경험이 풍부하고 청소년 보호에 투철한 사명감이 있는 사람으로서 다음 각 호의 어느 하나에 해당하는 사람 중에서 특별시장·광역시장·특별자치시장·도지사·특별자치도지사(이하 '시·도지사'라 한다)가 교육감과 협의하여 임명하거나 위촉한다. <개정 2020년 2월 25일>

1. 해당 시·도의 청소년 보호 업무 담당 국장 및 시·도 교육청 생활지도 담당 국장

2. 해당 시·도 의회 의원 또는 교육위원회 위원

3. 시·도 지방경찰청 소속 경찰공무원

4. 학생 생활지도 경력이 5년 이상인 교원

5. 판사·검사·변호사

6. 「고등교육법」 제2조에 따른 학교의 조교수 이상 또는 청소년 관련 연구기관에서 이에 상당하는 직위에 재직하고 있거나 재직하였던 사람으로서 학교폭력 문제에 대한 전문지식이 있는 사람

7. 청소년 선도 및 보호 단체에서 청소년 보호 활동을 5년 이상 전문적으로 담당한 사람

8. 「초·중등교육법」 제31조 제1항에 따른 학교운영위원회(이하 '학교운영위원회'라 한다)의 위원 또는 법 제12조 제1항에 따른 학교폭력대책심의위원회(이하 '심의위원회'라 한다) 위원으로 활동하고 있거나 활동한 경험이 있는 학부모

9. 그 밖에 학교폭력 예방 및 청소년 보호에 대한 지식과 경험이 있는 사람

❺ 지역위원회 위원의 임기는 2년으로 한다. 다만, 지역위원회 위원의 사임 등으로 새로 위촉되는 위원의 임기는 전임위원 임기의 남은 기간으로 한다.

❻ 시·도지사는 제4항 제2호부터 제9호까지의 규정에 따른 지역위원회의 위원이 제3조의 2 각 호의 어느 하나에 해당하는 경우에는 해당 위원을 해임하거나 해촉할 수 있다. <신설 2016년 5월 10일>

❼ 지역위원회의 사무를 처리하기 위하여 간사 1명을 두며, 지역위원회의 위원장과 교육감이 시·도 또는 시·도 교육청 소속 공무원 중에서 협의하여 정하는 사람으로 한다.

<개정 2016년 5월 10일>

❽ 지역위원회 회의의 운영에 관하여는 제3조 제2항부터 제6항까지의 규정을 준용한다. 이 경우 '대책위원회'는 '지역위원회'로 본다. <개정 2016년 5월 10일>

제6조(학교폭력대책지역실무위원회의 구성·운영)

법 제9조 제2항에 따른 실무위원회는 7명 이내의 학교폭력 예방 및 대책에 관한 실무자 및 민간 전문가로 구성한다.

제7조(학교폭력대책지역협의회의 구성·운영)

❶ 법 제10조의 2에 따른 학교폭력대책지역협의회(이하 '지역협의회'라 한다)의 위원장은 시·군·구의 부단체장이 된다.

❷ 지역협의회의 위원장은 회의를 소집하고, 그 의장이 된다.

❸ 지역협의회의 위원장이 부득이한 사유로 직무를 수행할 수 없을 때에는 위원장이 미리 지정하는 위원이 그 직무를 대행한다.

❹ 지역협의회의 위원은 학식과 경험이 풍부하고 청소년 보호에 투철한 사명감이 있는 사람으로서 다음 각 호의 어느 하나에 해당하는 사람 중에서 시장·군수·구청장이 해당 교육지원청의 교육장과 협의하여 임명하거나 위촉한다. <개정 2014년 6월 11일, 2020년 2월 25일>

1. 해당 시·군·구의 청소년 보호 업무 담당 국장(국장이 없는 시·군·구는 과장을 말한다) 및 교육지원청의 생활지도 담당 국장(국장이 없는 교육지원청은 과장을 말한다)

2. 해당 시·군·구 의회 의원

3. 해당 시·군·구를 관할하는 경찰서 소속 경찰공무원

4. 학생 생활지도 경력이 5년 이상인 교원

5. 판사·검사·변호사

6. 「고등교육법」 제2조에 따른 학교의 조교수 이상 또는 청소년 관련 연구기관에서 이에 상당하는 직위에 재직하고 있거나 재직하였던 사람으로서 학교폭력 문제에 대하여 전문지식이 있는 사람

7. 청소년 선도 및 보호 단체에서 청소년 보호 활동을 5년 이상 전문적으로 담당한 사람

8. 학교운영위원회 위원 또는 심의위원회 위원으로 활동하거나 활동한 경험이 있는 학부모

9. 그 밖에 학교폭력 예방 및 청소년 보호에 대한 지식과 경험을 가진 사람

❺ 지역협의회 위원의 임기는 2년으로 한다. 다만, 지역위원회 위원의 사임 등으로 새로 위촉되는 위원의 임기는 전임위원 임기의 남은 기간으로 한다.

❻ 시장·군수·구청장은 제4항 제2호부터 제9호까지의 규정에 따른 지역협의회의 위원이 제3조의 2 각 호의 어느 하나에 해당하는 경우에는 해당 위원을 해임하거나 해촉할 수 있다. <신설 2016년 5월 10일>

❼ 지역협의회에는 사무를 처리하기 위해 간사 1명을 두며, 간사는 지역협의회의 위원장과 교육장이 시·군·구 또는 교육지원청 소속 공무원 중에서 협의하여 정하는 사람으로 한다. <개정 2014년 6월 11일, 2016년 5월 10일>

제8조(전담부서의 구성 등)

법 제11조 제1항에 따라 다음 각 호의 업무를 수행하기 위하여 시·도 교육청 및 교육지원청에 과·담당관 또는 팀을 둔다. <개정 2014년 6월 11일, 2020년 2월 25일>

1. 학교폭력 예방과 근절을 위한 대책의 수립과 추진에 관한 사항
2. 학교폭력 피해학생의 치료 및 가해학생에 대한 조치에 관한 사항
3. 학교폭력 피해학생과 가해학생 간의 관계 회복을 위하여 필요한 조치에 관한 사항
4. 그 밖에 학교폭력의 예방 및 대책과 관련하여 교육감이 정하는 사항

제9조(실태 조사)

❶ 법 제11조 제8항에 따라 교육감이 실시하는 학교폭력 실태 조사는 교육부장관과 협의하여 다른 교육감과 공동으로 실시할 수 있다. <개정 2013년 3월 23일>

❷ 교육감은 학교폭력 실태 조사를 교육 관련 연구·조사기관에 위탁할 수 있다.

제10조(전문기관의 설치 등)

❶ 교육감은 법 제11조 제9항에 따라 시·도 교육청 또는 교육지원청에 다음 각 호의 업무를 수행하는 전문기관을 설치·운영할 수 있다. <개정 2014년 6월 11일>

1. 법 제11조의 2 제1항에 따른 조사·상담 등의 업무
2. 학교폭력 피해학생·가해학생에 대한 치유 프로그램 운영 업무

❷ 교육감은 제1항 제2호에 따른 치유 프로그램 운영 업무를 다음 각 호의 어느 하나에 해당하는 기관·단체·시설에 위탁하여 수행하게 할 수 있다. <개정 2012년 7월 31일, 2012년 9월 14일>

1. 「청소년 복지 지원법」 제31조 제1호에 따른 청소년쉼터, 「청소년 보호법」 제35조 제1항에 따른 청소년 보호·재활센터 등 청소년을 보호하기 위하여 국가·지방

자치단체가 운영하는 시설

2. 「청소년활동진흥법」 제10조에 따른 청소년 활동 시설

3. 학교폭력의 예방과 피해학생 및 가해학생의 치료·교육을 수행하는 청소년 관련 단체

4. 청소년 정신치료 전문인력이 배치된 병원

5. 학교폭력 피해학생·가해학생 및 학부모를 위한 프로그램을 운영 하는 종교기관 등의 기관

6. 그 밖에 교육감이 치유 프로그램의 운영에 적합하다고 인정하는 기관

❸ 제1항에 따른 전문기관의 설치·운영에 관한 세부 사항은 교육감이 정한다.

제11조(학교폭력 조사·상담 업무의 위탁 등)

교육감은 법 제11조의 2 제2항에 따라 학교폭력 예방에 관한 사업을 3년 이상 수행한 기관 또는 단체 중에서 학교폭력의 예방 및 사후조치 등을 수행하는 데 적합하다고 인정하는 기관 또는 단체에 법 제11조의 2 제1항의 업무를 위탁할 수 있다.

제12조(관계 기관과의 협조 사항 등)

법 제11조의 3에 따라 학교폭력과 관련한 개인정보 등을 협조를 요청할 때에는 문서로 하여야 한다.

제13조(심의위원회의 설치 및 심의 사항)

❶ 법 제12조 제1항 단서에서 '대통령령으로 정하는 사유가 있는 경우'란 학교폭력 피해학생과 가해학생이 각각 다른 교육지원청(교육지원청이 없는 경우 법 제12조 제1항에 따라 조례로 정하는 기관으로 한다. 이하 같다) 관할 구역 내의 학교에 재학 중인 경우를 말한다. <개정 2020년 2월 25일>

❷ 법 제12조 제2항 제5호에서 '대통령령으로 정하는 사항'이란 학교폭력의 예방 및 대책과 관련하여 학교의 장이 건의하는 사항을 말한다. <개정 2020년 2월 25일>

[제목 개정 2020년 2월 25일]

제14조(심의위원회의 구성·운영)

❶ 심의위원회의 위원은 다음 각 호의 어느 하나에 해당하는 사람 중에서 해당 교육장 (교육장이 없는 경우 법 제12조 제1항에 따라 조례로 정하는 기관의 장으로 한다. 이하 이 조, 제14조의 2 제5항, 제20조 제1항 전단 및 제22조에서 같다)이 임명하거나 위촉

한다. <개정 2020년 2월 25일>

1. 해당 교육지원청의 생활지도 업무 담당 국장 또는 과장(법 제12조 제1항에 따라 조례로 정하는 기관의 경우 해당 기관 소속의 공무원 또는 직원으로 한다.)

   1의 2. 해당 교육지원청의 관할 구역을 관할하는 시·군·구의 청소년 보호 업무 담당 국장 또는 과장

2. 교원으로 재직하고 있거나 재직했던 사람으로서 학교폭력 업무 또는 학생 생활지도 업무 담당 경력이 2년 이상인 사람

   2의 2. 「교육공무원법」 제2조 제2항에 따른 교육 전문 직원으로 재직하고 있거나 재직했던 사람

3. 법 제13조 제1항에 따른 학부모

4. 판사·검사·변호사

5. 해당 교육지원청의 관할 구역을 관할하는 경찰서 소속 경찰공무원

6. 의사 자격이 있는 사람

   6의 2. 「고등교육법」 제2조에 따른 학교의 조교수 이상 또는 청소년 관련 연구기관에서 이에 상당하는 직위에 재직하고 있거나 재직했던 사람으로서 학교폭력 문제에 대하여 전문지식이 있는 사람

   6의 3. 청소년 선도 및 보호 단체에서 청소년 보호 활동을 2년 이상 전문적으로 담당한 사람

7. 그 밖에 학교폭력 예방 및 청소년 보호에 대한 지식과 경험이 풍부한 사람

❷ 심의위원회의 위원장은 위원 중에서 교육장이 임명하거나 위촉하는 사람이 되며, 위원장이 부득이한 사유로 직무를 수행할 수 없을 때에는 위원장이 미리 지정하는 위원이 그 직무를 대행한다. <개정 2020년 2월 25일>

❸ 심의위원회의 위원의 임기는 2년으로 한다. 다만, 심의위원회 위원의 사임 등으로 새로 위촉되는 위원의 임기는 전임 위원 임기의 남은 기간으로 한다. <개정 2020년 2월 25일>

❹ 교육장은 제1항 제2호, 제2호의 2, 제3호부터 제6호까지, 제6호의 2, 제6호의 3 및 제7호에 따른 심의위원회의 위원이 제3조의 2 각 호의 어느 하나에 해당하는 경우에는 해당 위원을 해임하거나 해촉할 수 있다. <신설 2016년 5월 10일, 2020년 2월 25일>

❺ 심의위원회의 회의는 재적위원 과반수의 출석으로 개의하고, 출석위원 과반수의 찬성으로 의결한다. <개정 2016년 5월 10일, 2020년 2월 25일>

❻ 심의위원회의 위원장은 해당 교육지원청 소속 공무원(법 제12조 제1항에 따라 조례로 정하는 기관의 경우 직원을 포함한다) 중에서 심의위원회의 사무를 처리할 간사 1명을 지명한다. <개정 2016년 5월 10일, 2020년 2월 25일>

❼ 심의위원회의 회의에 출석한 위원에게는 예산의 범위에서 수당과 여비를 지급할 수

있다. 다만, 공무원인 위원이 그 소관 업무와 직접적으로 관련하여 회의에 출석한 경우에는 그렇지 않다. <개정 2016년 5월 10일, 2020년 2월 25일>

❽ 심의위원회는 필요하다고 인정할 때에는 학교폭력이 발생한 해당 학교 소속 교원이나 학교폭력 예방 및 대책과 관련된 분야의 전문가 등을 출석하게 하거나 서면 등의 방법으로 의견을 들을 수 있다. <개정 2020년 2월 25일>

❾ 제1항부터 제8항까지에서 규정한 사항 외에 심의위원회의 운영 등에 필요한 사항은 교육장이 정한다. <신설 2020년 2월 25일>

[제목 개정 2020년 2월 25일]

제14조의 2(소위원회)

❶ 심의위원회의 업무를 효율적으로 수행하기 위하여 필요하면 심의위원회에 소위원회를 둘 수 있다.

❷ 제1항에 따른 소위원회(이하 '소위원회'라 한다)의 위원은 심의위원회의 위원으로 구성한다.

❸ 심의위원회는 필요한 경우에는 그 심의 사항을 소위원회에 위임할 수 있으며, 이 경우 소위원회에서 심의·의결된 사항은 심의위원회에서 심의·의결된 것으로 본다.

❹ 소위원회는 심의가 끝나면 그 결과를 심의위원회에 보고해야 한다.

❺ 제1항부터 제4항까지에서 규정한 사항 외에 소위원회의 설치·운영에 필요한 사항은 교육장이 정한다.

[본조 신설 2020년 2월 25일]

제14조의 3(학교의 장의 자체 해결)

학교의 장은 법 제13조의 2 제1항에 따라 학교폭력 사건을 자체적으로 해결하는 경우 피해학생과 가해학생 간에 학교폭력이 다시 발생하지 않도록 노력해야 하며, 필요한 경우에는 피해학생·가해학생 및 그 보호자 간의 관계 회복을 위한 프로그램을 운영할 수 있다.

[본조 신설 2020년 2월 25일]

제15조(상담실 설치)

법 제14조 제1항에 따른 상담실은 다음 각 호의 시설·장비를 갖추어 상담 활동이 편리한 장소에 설치하여야 한다.

1. 인터넷 이용 시설, 전화 등 상담에 필요한 시설 및 장비
2. 상담을 받는 사람의 사생활 노출 방지를 위한 칸막이 및 방음 시설

제16조(전담기구 운영 등)

❶ 법 제14조 제3항에 따른 학교폭력 문제를 담당하는 전담기구(이하 '전담기구'라 한다)의 구성원이 되는 학부모는 「초·중등교육법」 제31조에 따른 학교운영위원회에서 추천한 사람 중에서 학교의 장이 위촉한다. 다만, 학교운영위원회가 설치되지 않은 학교의 경우에는 학교의 장이 위촉한다.

❷ 전담기구는 가해 및 피해 사실 여부에 관하여 확인한 사항을 학교의 장에게 보고해야 한다.

❸ 제1항 및 제2항에서 규정한 사항 외에 전담기구의 운영에 필요한 사항은 학교의 장이 정한다.

[전문 개정 2020년 2월 25일]

제17조(학교폭력 예방 교육)

학교의 장은 법 제15조 제5항에 따라 학생과 교직원 및 학부모에 대한 학교폭력 예방 교육을 다음 각 호의 기준에 따라 실시한다.

1. 학기별로 1회 이상 실시하고, 교육 횟수·시간 및 강사 등 세부적인 사항은 학교 여건에 따라 학교의 장이 정한다.

2. 학생에 대한 학교폭력 예방 교육은 학급 단위로 실시함을 원칙으로 하되 학교 여건에 따라 전체 학생을 대상으로 한 장소에서 동시에 실시할 수 있다.

3. 학생과 교직원, 학부모를 따로 교육하는 것을 원칙으로 하되 내용에 따라 함께 교육할 수 있다.

4. 강의, 토론 및 역할연기 등 다양한 방법으로 하고, 다양한 자료나 프로그램 등을 활용하여야 한다.

5. 교직원에 대한 학교폭력 예방 교육은 학교폭력 관련 법령에 대한 내용, 학교폭력 발생 시 대응 요령, 학생 대상 학교폭력 예방 프로그램 운영 방법 등을 포함하여야 한다.

6. 학부모에 대한 학교폭력 예방 교육은 학교폭력 징후 판별, 학교폭력 발생 시 대응 요령, 가정에서의 인성 교육에 관한 사항을 포함하여야 한다.

제18조(피해학생의 지원 범위 등)

❶ 법 제16조 제6항 단서에 따른 학교안전공제회 또는 시·도 교육청이 부담하는 피해학생의 지원 범위는 다음 각 호와 같다.

1. 교육감이 정한 전문 심리 상담 기관에서 심리 상담 및 조언을 받는 데 드는 비용

2. 교육감이 정한 기관에서 일시보호를 받는 데 드는 비용

3. 「의료법」에 따라 개설된 의료기관, 「지역보건법」에 따라 설치된 보건소·보건의료원 및 보건지소, 「농어촌 등 보건의료를 위한 특별조치법」에 따라 설치된 보건진료소, 「약사법」에 따라 등록된 약국 및 같은 법 제91조에 따라 설립된 한국희귀의약품센터에서 치료 및 치료를 위한 요양을 받거나 의약품을 공급받는 데 드는 비용

❷ 제1항의 비용을 지원 받으려는 피해학생 및 보호자가 학교안전공제회 또는 시·도 교육청에 비용을 청구하는 절차와 학교안전공제회 또는 시·도 교육청이 비용을 지급하는 절차는 「학교 안전사고 예방 및 보상에 관한 법률」 제41조를 준용한다.

❸ 학교안전공제회 또는 시·도 교육청이 법 제16조 제6항에 따라 가해학생의 보호자에게 구상(求償)하는 범위는 제2항에 따라 피해학생에게 지급하는 모든 비용으로 한다.

제19조(가해학생에 대한 조치별 적용 기준)

법 제17조 제1항의 조치별 적용 기준은 다음 각 호의 사항을 고려하여 결정하고, 그 세부적인 기준은 교육부장관이 정하여 고시한다. <개정 2013년 3월 23일>

1. 가해학생이 행사한 학교폭력의 심각성·지속성·고의성
2. 가해학생의 반성 정도
3. 해당 조치로 인한 가해학생의 선도 가능성
4. 가해학생 및 보호자와 피해학생 및 보호자 간의 화해의 정도
5. 피해학생이 장애학생인지 여부

제20조(가해학생에 대한 전학 조치)

❶ 교육장은 심의위원회가 법 제17조 제1항에 따라 가해학생에 대한 전학 조치를 요청하는 경우에는 그 사실을 해당 학생이 소속된 학교의 장에게 통보해야 한다. 이 경우 해당 통보를 받은 학교의 장은 교육감 또는 교육장에게 해당 학생이 전학할 학교의 배정을 지체 없이 요청해야 한다. <개정 2020년 2월 25일>

❷ 교육감 또는 교육장은 가해학생이 전학할 학교를 배정할 때 피해학생의 보호에 충분한 거리 등을 고려하여야 하며, 관할구역 외의 학교를 배정하려는 경우에는 해당 교육감 또는 교육장에게 이를 통보하여야 한다.

❸ 제2항에 따른 통보를 받은 교육감 또는 교육장은 해당 가해학생이 전학할 학교를 배정하여야 한다.

❹ 교육감 또는 교육장은 제2항과 제3항에 따라 전학 조치된 가해학생과 피해학생이 상급 학교에 진학할 때에는 각각 다른 학교를 배정하여야 한다. 이 경우 피해학생이 입학할 학교를 우선적으로 배정한다.

제21조(가해학생에 대한 우선출석정지 등)

❶ 법 제17조 제4항에 따라 학교의 장이 출석정지 조치를 할 수 있는 경우는 다음 각 호와 같다.

　1. 2명 이상의 학생이 고의적·지속적으로 폭력을 행사한 경우

　2. 학교폭력을 행사하여 전치 2주 이상의 상해를 입힌 경우

　3. 학교폭력에 대한 신고, 진술, 자료 제공 등에 대한 보복을 목적으로 폭력을 행사한 경우

　4. 학교의 장이 피해학생을 가해학생으로부터 긴급하게 보호할 필요가 있다고 판단하는 경우

❷ 학교의 장은 제1항에 따라 출석정지 조치를 하려는 경우에는 해당 학생 또는 보호자의 의견을 들어야 한다. 다만, 학교의 장이 해당 학생 또는 보호자의 의견을 들으려 하였으나 이에 따르지 아니한 경우에는 그러하지 아니하다.

제22조(가해학생의 조치 거부·기피에 대한 추가 조치)

심의위원회는 법 제17조 제1항 제2호부터 제9호까지의 조치를 받은 학생이 해당 조치를 거부하거나 기피하는 경우에는 법 제17조 제11항에 따라 교육장으로부터 그 사실을 통보받은 날부터 7일 이내에 추가로 다른 조치를 할 것을 교육장에게 요청할 수 있다. <개정 2020년 2월 25일>

제23조(퇴학 학생의 재입학 등)

❶ 교육감은 법 제17조 제1항 제9호에 따라 퇴학 처분을 받은 학생에 대하여 법 제17조 제12항에 따라 해당 학생의 선도의 정도, 교육 가능성 등을 종합적으로 고려하여 「초·중등교육법」 제60조의 3에 따른 대안학교로의 입학 등 해당 학생의 건전한 성장에 적합한 대책을 마련하여야 한다.

❷ 제1항에서 규정한 사항 외에 가해학생에 대한 조치 및 재입학 등에 필요한 세부 사항은 교육감이 정한다.

제24조 삭제 <2020년 2월 25일>

제25조(분쟁 조정의 신청)

피해학생, 가해학생 또는 그 보호자(이하 '분쟁 당사자'라 한다) 중 어느 한 쪽은 법 제18조에 따라 해당 분쟁 사건에 대한 조정 권한이 있는 심의위원회 또는 교육감에게 다음 각 호의 사항을 적은 문서로 분쟁 조정을 신청할 수 있다. <개정 2020년 2월 25일>

1. 분쟁 조정 신청인의 성명 및 주소
2. 보호자의 성명 및 주소
3. 분쟁 조정 신청의 사유

제26조(심의위원회 위원의 제척·기피 및 회피)

❶ 심의위원회의 위원은 법 제16조, 제17조 및 제18조에 따라 피해학생과 가해학생에 대한 조치를 요청하는 경우와 분쟁을 조정하는 경우 다음 각 호의 어느 하나에 해당하면 해당 사건에서 제척된다. <개정 2020년 2월 25일>

1. 위원이나 그 배우자 또는 그 배우자였던 사람이 해당 사건의 피해학생 또는 가해학생의 보호자인 경우 또는 보호자였던 경우

2. 위원이 해당 사건의 피해학생 또는 가해학생과 친족이거나 친족이었던 경우

3. 그 밖에 위원이 해당 사건의 피해학생 또는 가해학생과 친분이 있거나 관련이 있다고 인정하는 경우

❷ 학교폭력과 관련하여 심의위원회를 개최하는 경우 또는 분쟁이 발생한 경우 심의위원회의 위원에게 공정한 심의를 기대하기 어려운 사정이 있다고 인정할 만한 상당한 사유가 있을 때에는 분쟁 당사자는 심의위원회에 그 사실을 서면으로 소명하고 기피 신청을 할 수 있다. <개정 2020년 2월 25일>

❸ 심의위원회는 제2항에 따른 기피 신청을 받으면 의결로써 해당 위원의 기피 여부를 결정해야 한다. 이 경우 기피 신청 대상이 된 위원은 그 의결에 참여하지 못한다. <개정 2020년 2월 25일>

❹ 심의위원회의 위원이 제1항 또는 제2항의 사유에 해당하는 경우에는 스스로 해당 사건을 회피할 수 있다. <개정 2020년 2월 25일>

[제목 개정 2020년 2월 25일]

제27조(분쟁 조정의 개시)

❶ 심의위원회 또는 교육감은 제25조에 따라 분쟁 조정의 신청을 받으면 그 신청을 받은 날부터 5일 이내에 분쟁 조정을 시작해야 한다. <개정 2020년 2월 25일>

❷ 심의위원회 또는 교육감은 분쟁 당사자에게 분쟁 조정의 일시 및 장소를 통보해야 한다. <개정 2020년 2월 25일>

❸ 제2항에 따라 통지를 받은 분쟁 당사자 중 어느 한 쪽이 불가피한 사유로 출석할 수 없는 경우에는 심의위원회 또는 교육감에게 분쟁 조정의 연기를 요청할 수 있다. 이 경우 심의위원회 또는 교육감은 분쟁 조정의 기일을 다시 정해야 한다. <개정 2020년 2월 25일>

❹ 심의위원회 또는 교육감은 심의위원회 위원 또는 지역위원회 위원 중에서 분쟁 조정 담당자를 지정하거나, 외부 전문기관에 분쟁과 관련한 사항에 대한 자문 등을 할 수 있다. <개정 2020년 2월 25일>

제28조(분쟁 조정의 거부·중지 및 종료)

❶ 심의위원회 또는 교육감은 다음 각 호의 어느 하나에 해당하는 사유가 발생한 경우에는 분쟁 조정의 개시를 거부하거나 분쟁 조정을 중지할 수 있다. <개정 2020년 2월 25일>

1. 분쟁 당사자 중 어느 한 쪽이 분쟁 조정을 거부한 경우

2. 피해학생 등이 관련된 학교폭력에 대하여 가해학생을 고소·고발하거나 민사상 소송을 제기한 경우

3. 분쟁 조정의 신청 내용이 거짓임이 명백하거나 정당한 이유가 없다고 인정되는 경우

❷ 심의위원회 또는 교육감은 다음 각 호의 어느 하나에 해당하는 사유가 발생한 경우에는 분쟁 조정을 끝내야 한다. <개정 2020년 2월 25일>

1. 분쟁 당사자 간에 합의가 이루어지거나 심의위원회 또는 교육감이 제시한 조정안을 분쟁 당사자가 수락하는 등 분쟁 조정이 성립한 경우

2. 분쟁 조정 개시일부터 1개월이 지나도록 분쟁 조정이 성립하지 아니한 경우

❸ 심의위원회 또는 교육감은 제1항에 따라 분쟁 조정의 개시를 거부하거나 분쟁 조정을 중지한 경우 또는 제2항 제2호에 따라 분쟁 조정을 끝낸 경우에는 그 사유를 분쟁 당사자에게 각각 통보해야 한다. <개정 2020년 2월 25일>

제29조(분쟁 조정의 결과 처리)

❶ 심의위원회 또는 교육감은 분쟁 조정이 성립하면 다음 각 호의 사항을 적은 합의서를 작성하여 분쟁 당사자와 피해학생 및 가해학생이 소속된 학교의 장에게 각각 통보해야 한다. <개정 2020년 2월 25일>

1. 분쟁 당사자의 주소와 성명

2. 조정 대상 분쟁의 내용

   가. 분쟁의 경위

   나. 조정의 쟁점(분쟁 당사자의 의견을 포함한다.)

3. 조정의 결과

❷ 제1항에 따른 합의서에는 심의위원회가 조정한 경우에는 분쟁 당사자와 조정에 참가한 위원이, 교육감이 조정한 경우에는 분쟁 당사자와 교육감이 각각 서명날인해야 한다. <개정 2020년 2월 25일>

❸ 심의위원회의 위원장은 분쟁 조정의 결과를 교육감에게 보고해야 한다. <개정 2020년 2월 25일>

제30조(긴급전화의 설치·운영)

법 제20조의 2에 따른 긴급전화는 경찰청장과 지방경찰청장이 운영하는 학교폭력 관련 기구에 설치한다.

제31조(정보통신망의 이용 등)

법 제20조의 4 제3항에 따라 국가·지방자치단체 또는 교육감은 정보통신망을 이용한 학교폭력 예방 업무를 다음 각 호의 기관 및 단체에 위탁할 수 있다.

1. 「한국교육학술정보원법」에 따라 설립된 한국교육학술정보원

2. 공공기관의 위탁을 받아 정보통신망을 이용하여 교육 사업을 수행한 실적이 있는 기업

3. 학교폭력 예방에 관한 사업을 3년 이상 수행한 기관 또는 단체

제31조의 2(학교전담경찰관의 운영)

❶ 경찰청장은 법 제20조의 6 제1항에 따라 학교폭력 예방 및 근절을 위해 학교폭력 업무 등을 전담하는 경찰관(이하 '학교전담경찰관'이라 한다)을 둘 경우에는 학생 상담 관련 학위나 자격증 소지 여부, 학생 지도 경력 등 학교폭력 업무 수행에 필요한 전문성을 고려해야 한다.

❷ 학교전담경찰관은 다음 각 호의 업무를 수행한다.

1. 학교폭력 예방 활동

2. 피해학생 보호 및 가해학생 선도

3. 학교폭력 단체에 대한 정보 수집

4. 학교폭력 단체의 결성 예방 및 해체

5. 그 밖에 경찰청장이 교육부장관과 협의해 학교폭력 예방 및 근절 등을 위해 필요하다고 인정하는 업무

❸ 학교전담경찰관이 소속된 경찰관서의 장과 학교의 장은 학교폭력 예방 및 근절을 위해 상호 협력해야 한다.

[본조 신설 2018년 12월 31일]

제32조(영상정보 처리 기기의 통합 관제)

법 제20조의 7 제1항에 따라 영상정보 처리 기기를 통합하여 관제하려는 국가 및 지방자치단체는 다음 각 호의 절차를 거쳐 관계 전문가와 이해관계인의 의견을 수렴하여야 한다. <개정 2018년 12월 31일>

1. 「행정절차법」에 따른 행정예고의 실시 또는 의견 청취
2. 학교운영위원회의 심의

제33조(비밀의 범위)

법 제21조 제1항에 따른 비밀의 범위는 다음 각 호와 같다.

1. 학교폭력 피해학생과 가해학생 개인 및 가족의 성명, 주민등록번호 및 주소 등 개인정보에 관한 사항
2. 학교폭력 피해학생과 가해학생에 대한 심의·의결과 관련된 개인별 발언 내용
3. 그 밖에 외부로 누설될 경우 분쟁 당사자 간에 논란을 일으킬 우려가 있음이 명백한 사항

제33조의 2(고유식별정보의 처리)

❶ 국가·지방자치단체 또는 학교의 장은 다음 각 호의 사무를 수행하기 위하여 불가피한 경우 「개인정보 보호법 시행령」 제19조에 따른 주민등록번호 또는 외국인등록번호가 포함된 자료를 처리할 수 있다.

1. 법 제20조의 5 제2항에 따른 학생 보호 인력의 결격 사유 유무 확인에 관한 사무
2. 법 제20조의 5 제5항에 따른 학생 보호 인력의 범죄경력 조회에 관한 사무

❷ 법 제20조의 5 제3항에 따라 학생 보호 인력의 배치 및 활용 업무를 위탁받은 전문기관 또는 단체는 다음 각 호의 사무를 수행하기 위하여 불가피한 경우 「개인정보 보호법 시행령」 제19조에 따른 주민등록번호 또는 외국인등록번호가 포함된 자료를 처리할 수 있다.

1. 법 제20조의 5 제2항에 따른 학생 보호 인력의 결격 사유 유무 확인에 관한 사무
2. 법 제20조의 5 제6항에 따른 학생 보호 인력의 범죄경력 조회 신청에 관한 사무

[본조 신설 2017년 6월 20일]

제34조(규제의 재검토)

교육부장관은 제15조에 따른 상담실 설치 기준에 대하여 2015년 1월 1일을 기준으로 2년마다(매 2년이 되는 해의 1월 1일 전까지를 말한다) 그 타당성을 검토하여 개선 등

의 조치를 하여야 한다.

[본조 신설 2014년 12월 9일]

제35조(과태료의 부과 기준)

법 제23조 제1항에 따른 과태료의 부과 기준은 별표와 같다.

[본조 신설 2018년 12월 31일]

부칙 <제30441호, 2020년 2월 25일>

제1조(시행일)

이 영은 2020년 3월 1일부터 시행한다. 다만, 제14조의 3의 개정 규정은 공포한 날부터 시행한다.

제2조(지역위원회 및 지역협의회의 위원에 관한 경과 조치)

❶ 이 영 시행 전에 종전의 제5조 제4항 제8호에 따라 위촉된 지역위원회의 위원은 같은 조 제5항에 따른 임기가 끝날 때까지는 제5조 제4항 제8호의 개정 규정에 따라 위촉된 위원으로 본다.

❷ 이 영 시행 전에 종전의 제7조 제4항 제8호에 따라 위촉된 지역협의회의 위원은 같은 조 제5항에 따른 임기가 끝날 때까지는 제7조 제4항 제8호의 개정 규정에 따라 위촉된 위원으로 본다.

3.

과태료
부과 기준

[별표] 과태료의 부과 기준(제35조 관련)

1. 일반 기준

교육감은 다음 각 목의 어느 하나에 해당하는 경우에는 제2호의 개별 기준에 따른 과태료 금액의 2분의 1의 범위에서 그 금액을 줄일 수 있다. 다만, 과태료를 체납하고 있는 위반 행위자의 경우에는 그렇지 않다.

> **가.** 위반 행위자가 「질서위반행위규제법 시행령」 제2조의 2 제1항 각 호의 어느 하나에 해당하는 경우
>
> **나.** 위반 행위가 사소한 부주의나 오류로 인한 것으로 인정되는 경우
>
> **다.** 그 밖에 위반 행위의 정도, 위반 행위의 동기와 그 결과 등을 고려해 과태료를 줄일 필요가 있다고 인정되는 경우

2. 개별 기준

위반 행위	근거 법조문	과태료 금액
보호자가 법 제17조 제9항에 따른 심의위원회의 교육 이수 조치를 따르지 않은 경우	법 제23조 제1항	300만 원

어느 날 갑자기
가해자 엄마가
되었습니다

초판 1쇄 발행 | 2020년 4월 28일

지은이 | 정승훈
발행인 | 이종원
발행처 | (주)도서출판 길벗
출판사 등록일 | 1990년 12월 24일
주소 | 서울시 마포구 월드컵로 10길 56(서교동)
대표 전화 | 02)332-0931 | 팩스 · 02)323-0586
홈페이지 | www.gilbut.co.kr | 이메일 · gilbut@gilbut.co.kr

CTP 출력 및 인쇄 · 교보피앤비 | 제본 · 경문제책

- 잘못된 책은 구입한 서점에서 바꿔 드립니다.
- 이 책에 실린 모든 내용은 허락 없이 복제하거나 다른 매체에 옮겨 실을 수 없습니다.

ⓒ정승훈, 2020

독자의 1초를 아껴주는 정성 길벗출판사

⫷ (주)도서출판 길벗 ⫸ IT실용, IT/일반 수험서, 경제경영, 취미실용, 인문교양(더퀘스트), 자녀교육 www.gilbut.co.kr
⫷ 길벗이지톡 ⫸ 어학단행본, 어학수험서 www.gilbut.co.kr
⫷ 길벗스쿨 ⫸ 국어학습, 수학학습, 어린이교양, 주니어 어학학습, 교과서 www.gilbutschool.co.kr